JN074678

Shuwasystem Visual Text Book

図解入門

現場で役立つ 機械保全の基礎知識

機械保全技能士
検定対策 副読本

飯島 晃良 著

秀和システム

表紙イラスト　Allahfoto / shutterstock

まえがき

機械保全の世界へようこそ。本書は、機械のメンテナンスと保全に関する基礎的な知識を広く伝えることを目的としています。工業の発展に伴い、機械は私たちの生活と仕事に不可欠な要素となっています。そのため、機械を適切に維持し、安全かつ効率的に運用することは非常に重要です。

第１章では、機械保全の必要性について掘り下げ、なぜ機械保全活動が重要なのかを説明します。第２章から第４章では、機械と電気の基礎について理解を深めることにより、機械保全の基本的な概念を学びます。第５章では、具体的な保全技術に焦点を当て、機械の寿命を延ばし、性能を最適化する方法を紹介します。第６章では、機械を構成する材料の基礎について学び、それがどのように機械の性能と耐久性に影響するかを理解します。第７章は機械の安全対策に関連し、作業環境を安全に保つための基本的な知識と実践的な指針を提供します。第８章では、機械の様々な要素について探求し、それぞれの部品が全体の機能にどのように貢献するかを理解します。第９章は機械の計測器に焦点を当て、機械の状態を正確に測定し評価する方法を学びます。最終章では、機械に生じる欠陥への対策について詳しく説明し、トラブルシューティングの技術と予防策を解説します。

本書を通じて、機械保全の基本から応用まで、読者の皆様が豊富な知識と技術を身につけることができるよう願っています。機械の世界への旅が、有意義で充実したものになることを期待しています。機械の本質の一端を理解することになれば幸いです。

2023年12月

飯島　晃良

本書の特長

これから機械保全を学び始める方、実務経験者や機械保全技能士の資格取得を目指す方々にとって、価値ある情報を詰め込みました。

◉基本から応用までの機械保全の知識

保全に関わる原則や機械の基本的な構造と動作原理に関する知識、故障の診断と修理手法、予防保全と予測保全などの基礎と適用例を具体的に示しています。

◉機械保全の必要性を豊富な図解で解説

機械の保守とメンテナンスの重要性を具体的に示しています。機械の部品やシステムがどのように働き、時間と共に劣化するかを示します。

◉機械のメンテナンスに必要なスキルを詳細解説

技術的な知識から問題解決能力、安全意識、コミュニケーション能力などを理解することができます。

◉機械のトラブルシューティングに必要なスキルを詳細解説

機械の動作原理や構造に関する広範囲にわたる技術的知識、解決するための問題解決能力などを理解することができます。

◉材料や機械要素の知識

鉄鋼、非鉄金属、プラスチックなど、機械を構成する材料の性質や特徴のほか、ボルト・ナットなどの主要な機械要素を紹介しています。

◉豊富な経験からの実践的アドバイス

機械の効率的な運用と長寿命化は機械保全にとって不可欠です。理論的な知識に加えて、現場での実際の経験に基づく洞察をアドバイスします。

◉「機械保全」に関係するコラムを満載

機械保全の役割をキーワードとして、機械保全にまつわる興味深いエピソード、意外な事柄などを紹介しています。

本書の構成と使い方

本書は、読者の知識や技術のレベルに応じた、目的指向型の構成になっています。以下のように本書を活用することで、効果的な学習が可能です。

[学習法①] **機械保全の必要性を知りたい**

第1章（機械保全の必要性）を読むことで、機械保全の重要性が理解できます。また、機械を適切に維持し、効率的かつ安全に動作させるための保全活動の必要性が理解できます。また、第5章（機械保全）を読むことで、定期的な点検、故障診断、修理、部品の交換など、機械を最適な状態で保つためのアプローチを学べます。

[学習法②] **機械加工や工作機械を詳しく知りたい**

第2章（機械加工）や第3章（工作機械）を中心に学習しましょう。切削、成形、組立などの基本的な加工方法や工作機械の種類、構造、操作方法を学べます。

[学習法③] **機械保全に関係する電気について詳しく知りたい**

第4章（電気の基礎）を中心に学習しましょう。電気の基本的な概念、電気回路、などについて解説します。機械保全における電気的側面を学べます。

[学習法④] **機械保全に関係する機械や材料について詳しく知りたい**

第6章（材料の基礎）、第8章（機械の要素）、第9章（機械の計測器）を中心に学習することで、機械に使用されるさまざまな材料の特性と選択基準、機械を構成する基本的な要素とその機能、機械の性能と状態を測定するための計測器具を学べます。

[学習法⑤] **機械の安全対策や欠陥について詳しく知りたい**

第7章（機械の安全対策）、第10章（機械に生じる欠陥への対策）を中心に学習することで、機械の安全対策、機械の故障や欠陥が生じる原因とそれらに対処する方法を学べます。

◉機械保全技術のステップアップ

効果的なステップアップには、継続的な学習と実践の機会が必要です。これにより機械保全技術者は機械の性能を最大化し、ダウンタイムを最小限に抑えることができます。本稿では、保全技術の基礎から高度なスキルまでを段階的に学んでいくプロセスを提案します。

機械保全の基礎がわかる

- 第１章（機械保全の必要性）にて、機械保全の基本的な概念について学びます。
- 第５章（機械保全）にて、保全計画、保全方針、機械の点検などを学びます。

機械加工と工作機械がわかる

- 第２章（機械加工の基礎）にて、機械保全に関係する加工方法などを学びます。
- 第３章（工作機械の基礎）にて、機械保全に関係する工作機械を学びます。

機械保全における電気的側面がわかる

- 第４章（電気の基礎）にて、電気の基本的な概念、電気回路、電気機器の使用方法を学びます。

機械保全技術を磨く

- 第５章（機械保全）にて、保全計画、保全方式、信頼性、品質管理、工程管理など、機械保全の基本事項を学びます。
- 第７章（機械の安全対策）にて、安全管理、各種作業時の安全対策など、機械の安全対策の重要事項を学びます。
- 第８章（機械の要素）にて、ボルトナットなどの締結用機械要素、軸要素、歯車やベルトなどの伝動用機械要素、配管類などの特徴を学びます。
- 第９章（機械の計測器）にて、基本計測器、圧力計、温度計、振動計などの機械保全に使用される計測機器やそれを用いた診断技術の基本を学びます。
- 第10章（機械に生じる欠陥への対策）にて、潤滑、漏洩、腐食、過熱、振動騒音への対策を学びます。

機械保全技能士の資格にチャレンジ

機械保全技能士の資格は、日本において機械設備のメンテナンスや修理に従事する人々の技能と知識を認定する重要な資格です。この資格は、特に製造業界における機械の効率的かつ安全な運用を保証するために設けられています。

◉資格のレベル

機械保全技能士の資格は、通常、いくつかのレベルに分かれています。初級、中級、上級などのレベルが存在し、各レベルはその技能の習熟度を表します。

機械保全の分野に応じて、様々な専門分野の資格が設けられていることがあります。これには、特定の機械装置やシステムに特化したものも含まれます。

◉資格取得のプロセス

- 学習と準備

試験には、機械工学の基本原則、機械の構造、保守方法、安全規則など、広範な知識が必要です。多くの受験者は、専門の教育機関やオンラインコースで学習します。

- 理論試験

機械の機能や保守に関する理論的知識を問う試験です。機械工学の基本から応用まで幅広い知識が必要とされます。

- 実技試験

材料、模型、写真、ビデオなどで提示される現場の状態、状況などをもとに、判別、判断、測定などを行うことで、機械保全の作業能力が評価されます。

◉資格のメリット

・キャリアアップ

この資格を持つことで、専門性と技能を証明できます。これは昇進や就職、転職において強力なアドバンテージになり得ます。

・専門知識の拡大

学習過程で得られる知識は、日々の業務に直接活かすことができ、より効率的かつ安全な作業を可能にします。

・組織への貢献

熟練した機械保全技能士は、設備の信頼性の高さを保ち、故障やダウンタイムを減らすことで組織の生産性を高めることができます。

機械保全技能士の資格は、単に個人のキャリアを発展させるためだけでなく、製造業界全体の品質と効率を向上させるための重要な要素です。技術の進化に伴い、この分野の専門家は常に最新の知識と技術を身につけることが求められており、継続的な学習と技能の向上が必要とされます。資格取得のプロセス自体が、専門知識の拡充と技能の習得に対するモチベーションを提供すると共に、業界全体の品質基準を高める役割を果たしています。

Contents

図解入門
現場で役立つ
機械保全の基礎知識
[機械保全技能士検定対策副読本]

目次

Chapter 4　電気の基礎

Chapter 5　機械保全

Chapter 6 材料の基礎

Chapter 7 機械の安全対策

Chapter 8　機械の要素

Chapter 9　機械の計測器

Chapter 10 機械に生じる欠陥への対策

Chapter 11 機械保全技能士の免許取得

Memo

Chapter 1

機械保全の必要性

機械保全は、安全で生産性の高いものづくりになくてはならない活動であり、すべての製造現場で必要とされる重要な仕事です。本章では、機械保全を行う人に求められる知識と、機械保全技能に関する資格である機械保全技能士の概要を理解しましょう。

1-1 機械保全について

「保全」とは、**「保護をすることで安全であるようにすること。」**です。つまり、故障や異常停止などのトラブルが発生しないようにすることです。

機械保全とは

機械保全とは、次のような仕事になります。

機械保全：**工場の機械設備の故障や劣化を予防し、機械の正常な運転を維持するために行う活動**

これに対して、「**修理**」は設備に故障などのトラブルが生じたあとに行う措置です。

機械保全に求められるスキル

機械を保全するためには、機械設備が故障する原因を正しく理解して、それを防ぐために必要な、機器の取り扱い方、メンテナンスなどを適切に行うことが大切です。そのためには、次のような知識が求められます。

- **工作機械の基礎知識**

工場では様々な工作機械および工作設備が稼働しています。複雑な工場においても、それらは基本となる工作機械を組み合わせて自動化などをすることで成り立っています。よって、基本となる**工作機械の種類と特徴**を理解しておくことが大切です。

ひざ形横フライス盤の構造と各部の名称（図1-1-1）

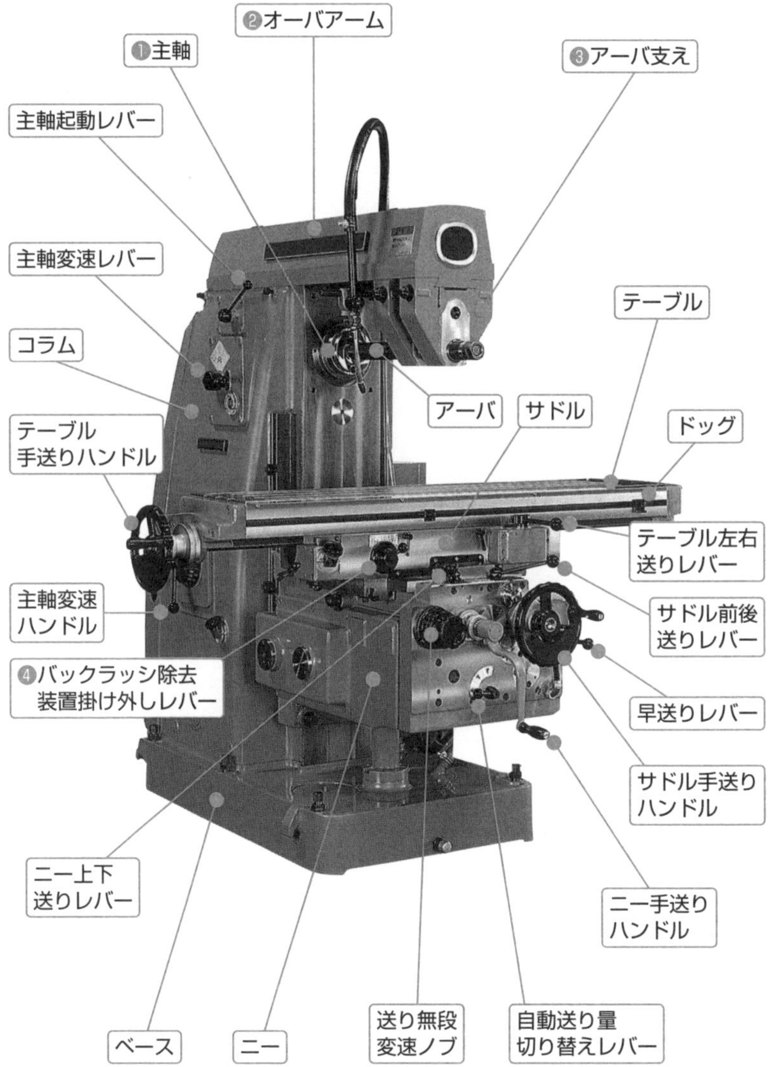

❷オーバアーム
❶主軸
❸アーバ支え
主軸起動レバー
主軸変速レバー
テーブル
コラム
アーバ
サドル
ドッグ
テーブル
手送りハンドル
テーブル左右
送りレバー
サドル前後
送りレバー
主軸変速
ハンドル
❹バックラッシ除去
装置掛け外しレバー
早送りレバー
サドル手送り
ハンドル
ニー上下
送りレバー
ニー手送り
ハンドル
ベース
ニー
送り無段
変速ノブ
自動送り量
切り替えレバー

普通旋盤（LR-55A型）各部の名称（図1-1-2）

●普通旋盤LR-55A型　株式会社アマダマシナリー（旧株式会社テクノワシノ）製

・**機械要素の基礎知識**

機械設備は、様々な機械要素部品が組み合わされてできています。例えば、ボルトやナットなどの**締結用機械要素**、歯車、プーリー、ベルト、軸、軸受などの**伝動用機械要素**、オイルシールやガスケットなどの**密封装置**などです。これらの機械要素に関連した故障は起こりやすく、保全をする上で重要な箇所となります。そのため、機械要素についての基礎的な知識が必要です。

機械用要素の例（図1-1-3）

ボルトとナット

プーリーとベルト

軸受（ベアリング）

計測に関する基礎知識

機械を保全するためには、機械の状態を知ることが必須です。そのためには、様々な計測を行います。例えば、軸の回転数、容器内の圧力、温度などです。つまり、機械の状態を診断するための計測に関する基本的な知識が必要です。

技能検定1級、機械加工（フライス盤作業）の実技試験で使用する測定器（図1-1-4）

分度器
外側マイクロメータ
金属製直尺（150mm）
ノギス
デプスマイクロメータ
平行ピン
スコヤ

マイクロメータ各部の名称（図1-1-5）

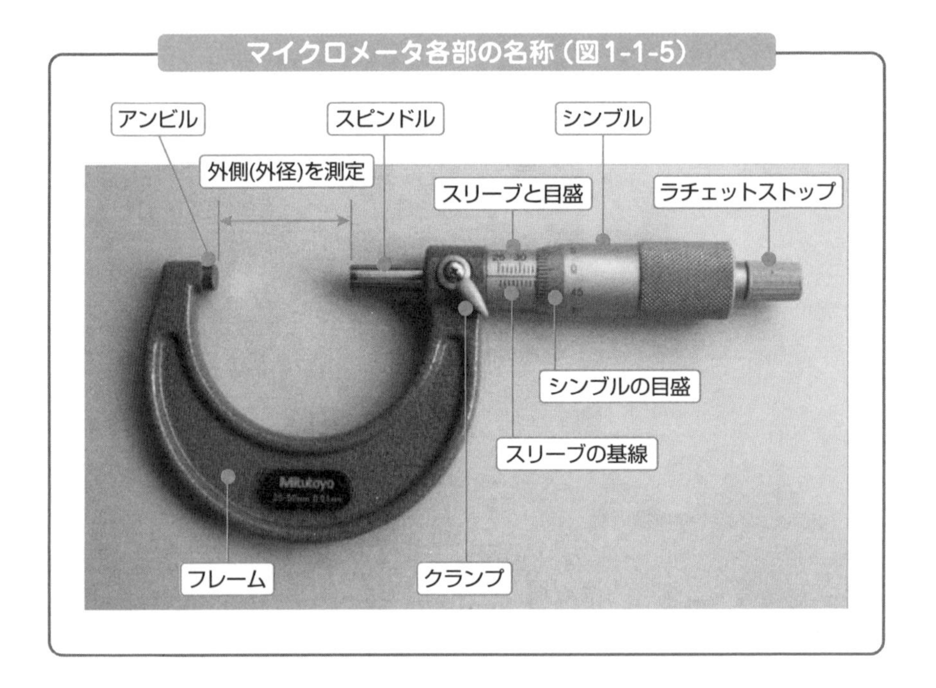

• **材料に関する基礎知識**

機械設備には、**鉄鋼材料**、**非鉄金属材料**、**樹脂材料**など、様々な材料が使われています。これらの材料は、機械的特性や化学的特性はもちろん、コスト、加工性などがまったく異なります。そのため、適材適所で材料を選択することで機械設備が成り立っています。これらを保全するためには、材料に関する基礎知識が必要です。

• **電気の基礎知識**

機械設備は、機械仕掛けのみで動いているものはむしろ少なく、**モーター**、**リレー**、**センサー**、**アクチュエータ**、**制御回路**など、電気を使っている設備がほとんどです。そのため、それらの機械を保全するためには、基礎的な電気の知識も必要です。

• **安全に関する基礎知識**

機械を保全するためには、稼働中の設備を診断したり、機械を止めて点検やメンテナンスをするなどの作業が伴います。これらの作業は通常の機械の運転とは異なるため、扱い方を間違えると大きな危険を伴うおそれがあります。そのため、安全に機械保全作業を行うためには、安全や衛生に関する基礎知識が必要です。

1-2 機械保全技能士とは

機械保全技能士は、機械設備の保全と管理を専門とする技術者です。

機械保全技能士の役割と重要性

機械保全技能士の役割は、設備の定期的な点検、故障の早期発見、修理作業、および改善活動を通じて、機械の運用を最適化することにあります。これにより、機械の信頼性と性能が維持され、生産プロセスの安定化と効率化が実現されます。機械の予期せぬダウンタイムを減らすことで、企業の経済的損失を最小限に抑えることができるため、彼らの技術と知識は非常に重要です。

日本の製造業における機械保全の意義

日本の製造業は、精密な技術と効率的な生産プロセスで世界的に評価されています。この背景には、機械のメンテナンスと保全に関する厳格な基準とプロセスがあります。機械保全技能士は、設備の定期的なメンテナンスと迅速な修理を通じて、製造ラインのスムーズな運用を支えます。また、彼らは製品品質の維持と改善にも寄与し、日本製品の高い信頼性を支える重要な役割を果たしています。

計画的な保守を心がける

機械は計画的なメンテナンスが生命線です。予防保全は故障を未然に防ぎ、生産性と安全性を高めます。常に機械の状態を把握し、計画的な保守を心がけましょう。

1-3 機械保全技能士の基礎

機械保全技能士は、機械工学の基本原理を深く理解しています。これには、機械の動作原理、材料の特性、力学、熱力学、および流体力学が含まれます。

機械工学の基本

機械工学の知識を活用して、機械の性能を分析し、効率的な運用方法を導き出します。また、故障の原因を科学的に特定し、最適な修理方法を決定するためにも、これらの原理が必要です。

機械の種類と機能

機械保全技能士は、様々な種類の機械とその特定の機能に精通しています。これには、回転機械、揚重機械、圧縮機械など、多岐にわたる機械が含まれます。それぞれの機械は独自の作動原理とメンテナンス要件を持ち、適切な保守活動にはそれらの特性を理解することが不可欠です。一般的な機械の種類と機能を表に示します。

▼一般的な機械の種類と機能（表1-3-1）

種類	主な機能	用途例
ポンプ	流体（液体やガス）を移動または圧送する。	水供給システム、化学プロセス、石油精製。
モーター	電気エネルギーを機械的エネルギーに変換する。	駆動装置、機械工具、家電製品。
ギアボックス	トルクと回転速度を変換する。	自動車、工業機械、風力発電。
コンプレッサー	ガスや空気を圧縮し、圧力を高める。	エアツールの動力源、冷凍・空調システム。
発電機	機械的エネルギーを電気エネルギーに変換する。	非常用電源、リモートエリアの電力供給。
コンベヤー	物品を1か所から別の場所へ移動する。	製造ライン、物流、空港の荷物処理。
ロボットアーム	精密な動作や重い物の操作を自動化する。	製造業、組み立てライン、実験室。

種類	主な機能	用途例
CNCマシン	コンピュータ制御による精密な切削や加工。	金属加工、木工、プロトタイピング。

保守とメンテナンスの基本原則

機械保全技能士は、**予防保全**と**事後保全**の原則に従って作業を行います。予防保全は、定期的な検査とメンテナンスを通じて、故障を予防することに焦点を当てています。一方、事後保全は、既に発生した故障や問題を効率的に対処することを目的としています。これらの原則を適用することで、機械のダウンタイムを最小限に抑え、生産効率を維持することができます。機械保全における保守とメンテナンスの基本原則について表に示します。

▼機械保全における保守とメンテナンスの基本原則（表1-3-2）

基本原則	説明	目的	主な活動
予防保全	定期的な点検とメンテナンスを通じて、故障や機能低下を事前に防ぐアプローチ。	故障の予防、機械の信頼性と効率の向上。	定期的な検査、潤滑、清掃、部品の調整や交換。
事後保全	故障や問題が発生した後の対応を重視するアプローチ。機械の修理や交換を通じて機能を回復させる。	迅速な問題解決、ダウンタイムの短縮。	故障診断、部品の修理や交換、機能の復旧作業。
条件ベースの保守	機械の状態や性能を監視し、特定の条件に基づいてメンテナンスを行うアプローチ。	効率的なメンテナンス、不必要な作業の削減。	機械のモニタリング、データ分析、条件に応じたメンテナンス計画。
信頼性中心の保守	機械の全寿命を考慮して、最も効果的なメンテナンス戦略を立てるアプローチ。	コスト削減、機械の全寿命にわたる性能と信頼性の最大化。	リスク評価、寿命予測、最適なメンテナンス計画の策定。

1-4 実務での機械保全

機械保全技能士の仕事は、機械の保守から緊急対応まで、幅広いスキルと知識を要求されます。彼らは、製造現場における効率と安全性の維持に不可欠な役割を果たしています。

故障診断の技術

故障診断は、機械保全技能士の核心技能の1つです。これには、音響、振動、温度などの物理的特性を分析する技術が含まれます。機械の異常振動や異音を特定し、故障の原因を迅速に究明することができます。また、これらの診断を通じて、機械の健全性を評価し、予防保全の計画を立てることも可能です。

修理とメンテナンスの実例

実務における**修理**と**メンテナンス**は、機械の種類と状態に応じて異なります。これには、消耗部品の交換、潤滑、調整、清掃などが含まれます。機械保全技能士は、これらの作業を通じて、機械の性能を最適な状態に維持し、故障のリスクを低減します。

安全管理と品質保証

安全管理は、作業中のリスクを最小限に抑え、作業員の安全を確保するために不可欠です。**品質保証**は、メンテナンス作業が一貫した基準に従って行われることを確実にするためのプロセスです。機械保全技能士は、厳格な安全プロトコルを遵守し、作業の各段階で品質チェックを行います。これにより、機械の安定した性能と作業員の安全が保証されます。

現場でのトラブルシューティング

現場での**トラブルシューティング**は、機械保全技能士にとって最も挑戦的な作業の1つです。これには、突発的な機械の故障や異常に迅速かつ効果的に対応する能力が必要です。機械保全技能士は、問題の根本原因を特定し、最適な修理方法を選択し、機械を迅速に復旧させます。これにより、生産の中断を最小限に抑え、企業の損失を防ぐことができます。

細かな異常に気づく

機械の寿命を延ばし、性能を維持するためには、適切な保全が不可欠です。細かな異常に気づき、迅速に対応することで、大きなトラブルを防げます。

Memo

Chapter 2

機械加工の基礎

工場では、様々な工作法や加工法を用いて製品を製造しています。本章では、ものづくりで用いられる代表的な工作法を理解しましょう。

2-1 鋳造

鋳造とは、溶けた金属を鋳型と呼ばれる型に流し込んで、鋳型と同じ形状の金属の固体を製造する加工法です。

鋳造とは

鋳造で製造された品物を**鋳物**と呼びます。図2-1-1に鋳造の例を示します。鋳造法の長所と短所を表2-1-1に示します。

▼鋳造法の長所と短所（表2-1-1）

加工法	長所	短所
鋳造	・複雑な形状の部品を製作できる。 ・比較的安価である。 ・小さな部品から大きな部品まで製造可能。 ・材料の制約が少ない。	・鋳造後に仕上げ加工が必要なことが多い。 ・製品重量が比較的大きい。 ・製品内部に空洞などの欠陥が生じやすく、強度が比較的低い。

鋳造（図2-1-1）

砂型と完成品

炉で融かした金属（湯）を砂型に流し込む

写真提供：日本大学理工学部工作技術センター

2-2 塑性加工

塑性加工は、素材の塑性変形を利用した加工法です。塑性変形というのは、物体に力を加えて変形させたあと、力を取り除いても元の形状に戻らなくなるような変形を指します。

 塑性加工とは

ばねに力を加えると変形します。加えた力が小さい場合、力を取り除くとばねは元の状態に戻ります。これを**弾性変形**と呼びます。ばねに加える力が大きすぎると、ばねが塑性変形を起こすことがあります。この場合、力を取り除いてもばねは元の形状には戻りません。

例えば、プレス機械で板を金型の形状になるように曲げ、金属の塊をたたいて変形させる鍛造法などは、塑性加工の代表例です。塑性加工の長所と短所を表2-2-1に示します。

▼塑性加工の長所と短所（表2-2-1）

加工法	長所	短所
塑性加工	・短時間で加工が可能で、量産品の生産性が高い。 ・材料を無駄なく使用できる。 ・強度などの機械的性質が高くて安定している品物がつくれる。	・金型が必要。 ・加工品の形状に制限がある。 ・加工対象の材料の材質に制約がある。 ・加工時の騒音が大きい。

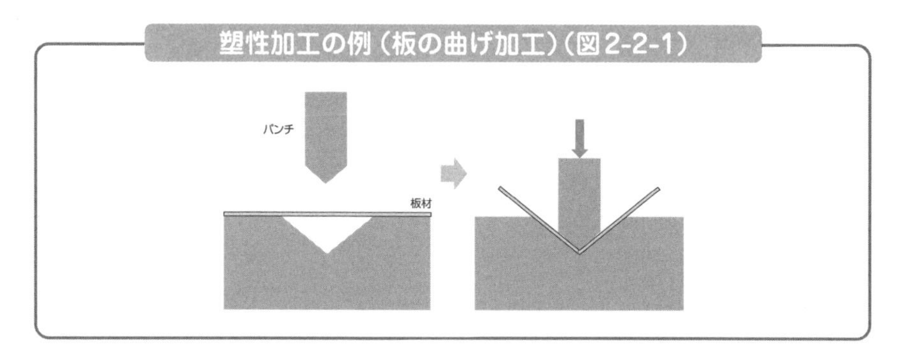

塑性加工の例（板の曲げ加工）（図2-2-1）

2-3 切削加工・研削加工

切削加工と研削加工は、どちらも素材の不要な部分を除去する加工法であるため、除去加工とも呼ばれます。

 切削・研削とは

切削加工とは、専用の刃物を使って素材の不要な部分を除去する加工法です。例えば、板にドリルで穴をあけるのは、ドリルの刃で穴の部分にある素材を除去しているので切削加工です。

研削加工とは、刃ではなく砥石を使って不要な部分を除去する加工法です。例えば、グラインダで表面を削ったり、砥石で表面を研磨したり、やすりがけを行うなどは研削加工です。

切削加工と研削加工の長所と短所を表2-3-1に示します。

▼切削加工と研削加工の長所と短所（表2-3-1）

加工法	長所	短所
切削加工	・精度の高い加工ができる。 ・複雑かつ正確な形状の部品を加工できる。	・工具の折損や摩耗に注意が必要であり、それによる精度低下への対応や、工具の交換などが必要。 ・切削油が必要。 ・切りくずが出るため、その処理が必要。
研削加工	・切削加工よりもさらに精度の高い加工ができる。 ・表面粗さが小さい、滑らかな表面を実現できる。 ・硬くて脆い素材も加工できる。	・研削液が必要。 ・研削液の処理が必要。 ・砥石の摩耗による精度低下や砥石の定期的な調整や交換が必要。

2-4 溶接

溶接は、**電気放電**や**燃焼火炎**などを用いて**素材の一部を溶融させることで**、**素材同士を接合**する方法です。

溶接

部品同士をつなぎ合わせる加工法のため、小さなものから大型の構造物まで、様々な形状のものを加工できます。溶接の例を図2-4-1に示します。溶接の長所と短所を表2-4-1に示します。

▼溶接の長所と短所（表2-4-1）

加工法	長所	短所
溶接	・大型の構造物から小さな部品まで、溶融接合ができる。 ・異種材料の接合ができる。 ・様々な肉厚、寸法のものの溶融接合ができる。	・溶接部位が局部的に高温になるため、局部的な熱変形や残留応力が発生しやすい。 ・溶接部の欠陥が生じやすく、欠陥部に起因した不具合対策が必要（溶接部の検査など）。

溶接（図2-4-1）

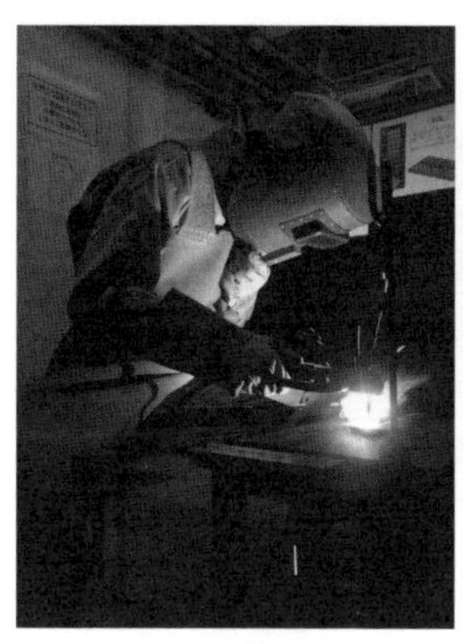

アーク溶接作業

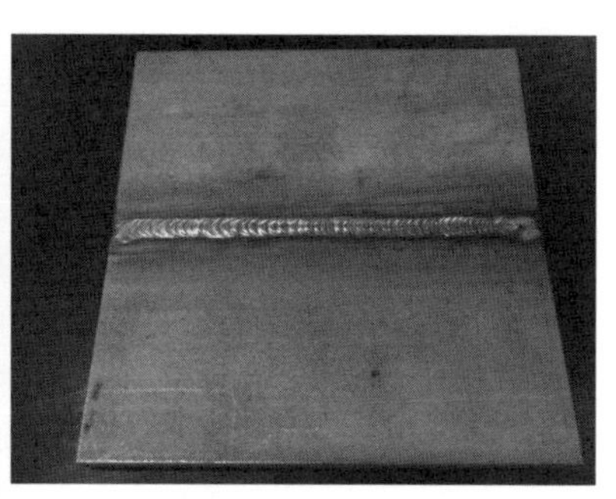

溶接継手（突き合せ溶接）

写真提供：日本大学理工学部工作技術センター

2-5 放電加工

放電加工は、加工液中で電極と加工対象素材（ワーク）との間のわずかな空隙中に連続的な放電を繰り返すことで、ワークを溶解させて目的の形状の加工を行う方法です。

放電加工

目的の形状に必要な部分以外を除去する除去加工法の一種です。放電加工の長所と短所を表2-5-1に示します。

▼表2-5-1　放電加工の長所と短所

加工法	長所	短所
放電加工	・硬い材料、切削加工が難しい材料も加工できる。 ・微細加工ができる。	・被加工物が導電性の物でなければならない。 ・加工液が必要。

COLUMN　予防保全と事後保全

機械保全の世界において、**予防保全**と**事後保全**は重要なアプローチのふたつです。これらは異なるアプローチを持ち、機械の信頼性と効率性を向上させるために組み合わせて使用されます。予防保全は、問題が発生する前に機械の健康を維持し、故障を未然に防ぐためのアクティビティです。これには、定期的な点検、保守、潤滑、クリーニング、データ収集、およびトラブルシューティングが含まれます。予防保全の主な目的は、故障のリスクを低減し、運用停止時間を最小限に抑えることです。一方、事後保全は、機械が故障した場合に修理や復旧作業を行うアクティビティです。これは不可避の状況であり、早急な対応が求められます。事後保全は、故障原因の特定、必要な部品や資材の準備、スキルを持ったメンテナンスチームのアクションが含まれます。事後保全は、故障が発生した際に被害を最小限に抑え、機械の寿命を延ばす役割を果たします。予防保全と事後保全は相補的であり、効果的な機械保全プログラムを構築するために両方の要素が必要です。適切なバランスを保ち、予防と修復を組み合わせることで、機械の信頼性を向上させ、生産性を確保することができます。

COLUMN 溶融接合

溶融接合とは、主に金属やプラスチックを接合するための一手法で、これは材料の一部を溶融させて結合させるプロセスです。この方法は、特に製造業や建設業において広く用いられています。

この技術の根幹は、接合する部材を局部的に加熱し、溶融させることにあります。加熱には、電気アーク、ガスの炎、レーザー、電子ビームなど様々な手段が用いられます。溶融した部分が冷却・固化することにより、強固な接合が実現されます。溶融接合の一般的な例としては、アーク溶接、ガス溶接、レーザー溶接などが挙げられます。

溶融接合の最大の特徴は、非常に強い接合が可能である点です。これにより、橋梁、ビル、船舶、自動車など、強度が要求される多くの構造物や製品に利用されています。溶融接合は、異なる種類の材料を結合することも可能であり、設計の自由度を高めることができます。この技術には専門的な知識と技術が必要であり、溶融部の品質を均一に保つことが難しい場合もあります。そのため、溶接作業は高度な技術を要する専門職とされ、品質管理には細心の注意が払われています。

溶融接合は材料の熱影響を受けやすく、熱による歪みや内部の応力が生じることがあります。これを避けるため、接合後の熱処理や適切な設計が求められます。

正確さと緻密さが成功の鍵

常に機器のメンテナンスに注意を払い、加工プロセスを細部まで理解しましょう。そして、最新の技術動向を学び続けることで、品質と効率を向上させることができます。

Memo

Chapter 3

工作機械の基礎

工作機械は非常に多くの種類がありますが、本章では、その基本となる工作機械の種類と特徴を理解しましょう。

3-1 旋盤

旋盤は、**回転する工作物**に**バイト**（加工に用いる刃物となる工具を**バイト**と呼びます）を当てて**送り動作**などを行うことで、切削加工を行う工作機械です。

 普通旋盤

普通旋盤の外観を図3-1-1に示します。

主軸にあるチャックに工作物を取り付けて回転させ、刃物台に取り付けたバイトで切り込みながら加工を行います。チャックでくわえた工作物の反対の端部の中心を押す心押し台を用いると、細長い工作物の加工も可能です。旋盤は、外側の**外径加工**、内側の**内径加工**のほか、**側面の面削り**、**穴あけ**、**ねじ切り**などの加工も可能です。

普通旋盤（図3-1-1）

写真提供：日本大学理工学部工作技術センター

旋盤は、回転の中心軸に対して軸対称な品物を精度よく製作することができます。

タレット旋盤

旋盤の心押し台の代わりにタレットと呼ばれる旋回する工具保持台を有し、そこに多数の刃物を取り付けて、タレットを回転させることで工具を交換しながら旋削加工ができる旋盤を**タレット旋盤**と呼びます。使用する工具を付け替えることなく交換できるため、同一部品の大量生産に適しています。

立て旋盤

大きな工作物の旋削を行うために、工作物を水平面内で回転させる方式の旋盤を**立て旋盤**と呼びます（図3-1-2）。

立て旋盤（図3-1-2）

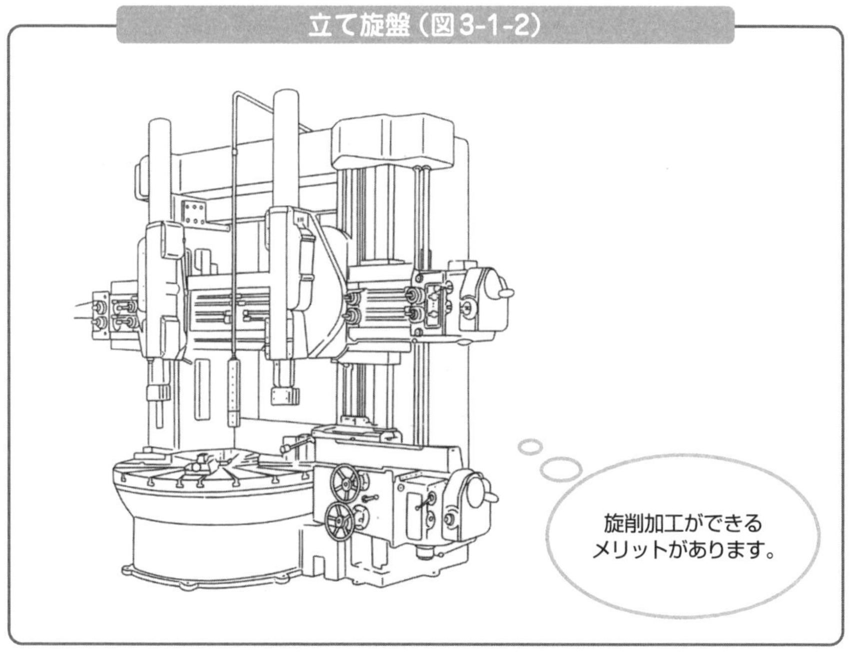

出典：JIS B 0105（工作機械ー名称に関する用語）より。

3-2 数値制御旋盤

工具と工作物の相対運動を位置と速度の数値情報で制御することで、複数の加工工程を自動で行う旋盤を数値制御旋盤（NC旋盤）と呼びます。

NC旋盤とは

NCはNumerically Controlledを意味します。また、数値制御をコンピューターを用いて行うNC旋盤を**CNC旋盤**と呼びます。

NC旋盤は、普通旋盤に比べて複雑な加工を1度に実施することが可能です（図3-2-1）。

数値制御（NC）旋盤（図3-2-1）

製作精度も
高くなります。

写真提供：日本大学理工学部工作技術センター

3-3 ボール盤

ボール盤は、**ドリルを回転**させて**軸方向に送る**ことで、**穴を加工**するための機械です。

ボール盤とは

工具を交換することで、以下のような加工ができます。

・ドリルによる**穴あけ**
・機械加工による**リーマ仕上げ**
・**中ぐり**
・**座ぐり**の加工

また、タッピング（めねじの加工）機能を備えたタッピングボール盤では、**めねじの加工**が可能です。ボール盤（図3-3-1）には、以下の形式のものがあります。

・直立ボール盤：ドリルが軸方向に上下移動する。
・ラジアルボール盤：主軸頭を着けたアームが旋回し、また水平方向にも移動できる。加工物を動かさずに複数の箇所に穴あけができる。
・多軸ボール盤：複数のドリルを持ち、1度に複数の穴加工が可能。
・多頭ボール盤：テーブルに複数の主軸頭を持ち、複数の切削工具を主軸頭に装着しておくことで異なる加工を連続で行える。

卓上ボール盤（直立ボール盤）（図3-3-1）

写真提供：日本大学理工学部工作技術センター

COLUMN 機械の潤滑管理

機械の**潤滑管理**は、工業設備の効率的な運用と長寿命化に不可欠な要素です。適切な潤滑は、機械部品の摩耗を減少させ、摩擦による熱の発生を抑え、故障のリスクを低減します。潤滑管理の基本は、正しい種類の潤滑油やグリースを適切なタイミングで適量使用することです。潤滑油の選択は、機械の種類、動作環境、温度範囲などに基づいて慎重に行う必要があります。潤滑油の過剰または不足は、機械の性能に悪影響を及ぼします。過剰な潤滑油は熱の蓄積や圧力の不均衡を引き起こすことがあり、不足では十分な保護が得られず、部品の摩耗や故障につながる可能性があります。したがって、潤滑の頻度と量のバランスを見極めることが重要です。これには、定期的な潤滑と点検、潤滑油の状態監視が含まれます。また、現代の潤滑管理では、センサー技術を活用して潤滑油の状態をリアルタイムで監視し、必要に応じて潤滑油の交換や追加を行うシステムが導入されています。これにより、潤滑油の品質の維持と適時交換が容易になり、メンテナンスの効率化が実現します。潤滑管理は、機械の性能維持だけでなく、エネルギー効率の向上やメンテナンスコストの削減にも大きく寄与します。機械の潤滑状態を適切に保つことは、安定した生産活動と長期的な設備投資の保護において、極めて重要な役割を果たしています。

3-4 フライス盤

フライス盤は、エンドミル、正面フライス、溝フライスなどのフライス工具を回転させて、工作物をX、Y、Z方向に送ることで切削加工を行う機械です。

フライス盤とは

フライス盤を用いることで、**平削り**、**溝削り**、**角削り**、切断などの加工が可能です。フライス盤は、主軸の方向によって立て型と横型に分かれます。立てフライスは図3-4-1に示すように主軸が垂直のものを指し、平面削り、みぞ削りなどに適します。横フライスは、主軸が水平のフライス盤です。

立てフライス盤（図3-4-1）

写真提供：日本大学理工学部工作技術センター

3-5 形削り盤

形削り盤は、**工具**（刃）を往復運動（水平方向）や**上下運動**（垂直方向）させて、工作物の平面削り加工を行う機械です。

形削り盤の種類

・**形削り盤（シェーパー）**

切削加工は、刃の往復運動の片方のストロークのみで行われるため、刃の戻り（後退）時の速度を早くして切削時間の短縮が行われています。

形削り盤（シェーパー）（図3-5-1）

刃物が水平方向に
往復運動することで
平面を加工する
形削り盤です。

写真提供：日本大学理工学部工作技術センター

・立て削り盤（スロッター）

刃物が垂直方向に往復運動することで加工を行う形削り盤で、軸継手のフランジ、スプロケット、プーリー、歯車などの**キー溝加工**などに用います。

立て削り盤（スロッター）（図3-5-2）

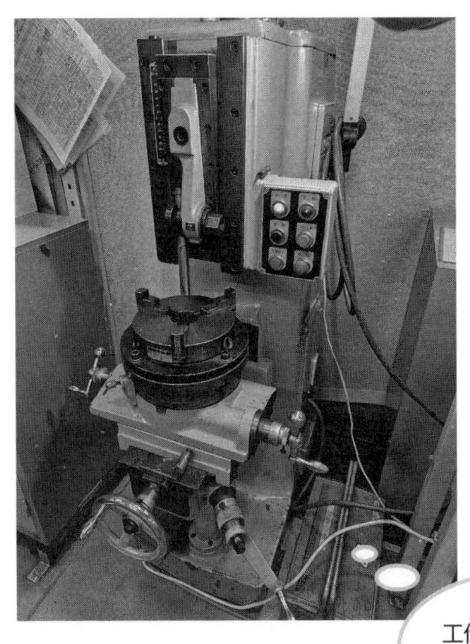

工作物の垂直面を切削します。

写真提供：日本大学理工学部工作技術センター

精度と安全性に注意を払う

機械の構造と機能を深く理解することが重要です。定期的なメンテナンスと正しい操作法を守り、常に精度と安全性に注意を払いましょう。

3-6 研削盤

回転する砥石に対して、工作物を水平方向および垂直方向に移動させることで、平面や円筒面などを除去加工する工作機械です。切削加工に比べて、以下のような特徴があります。

 研削加工の特徴

・切れ刃（砥石）が極めて硬く、切削加工では困難な硬い材料の除去加工が可能。
・切りくずが極めて小さく、加工表面の表面粗さが小さい。
・砥石の回転速度は2000～3000 rpmと高く、切削加工の10～50倍程度である。
・砥石の回転速度（周速度）が高く、工作物の送り速度が低いほうが研削仕上げ面の精度が高くなる。

平面研削盤（図3-6-1）

写真提供：日本大学理工学部工作技術センター

滑らかな表面を精度よく加工できます。

3-7 マシニングセンタ

1台で様々な加工を高い精度で行うことができます

マシニングセンタの特徴

マシニングセンタは、回転工具を使用して**自動工具交換装置**（**ATC***）を備えることで工具を付け替えることなく、フライス加工、穴あけ、リーマ、タップ、中ぐりなどの加工を行うことができる多機能な数値制御工作機械です。

マシニングセンタ（図3-7-1）

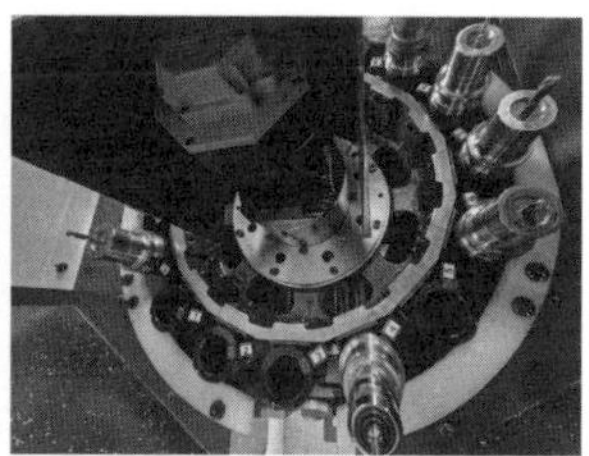

写真提供：日本大学理工学部工作技術センター

切削、穴あけなどの機械加工を自動で行います。

* **ATC**　Automatic Tool Changerの略。

3-8 放電加工機

放電加工（EDM＊**）**は、油などの**絶縁体の加工液**の中で、数μmの距離を隔てて工作物と工作電極を配置し、**電極と加工物との間に間欠的なパルス状の放電**を生じさせることで加工物を少しずつ**除去加工**します。

放電加工とは

放電加工には、図3-8-1（a）に示す**型彫り放電加工**や図3-8-1（b）に示す**ワイヤー放電加工**があります。

放電加工（図3-8-1）

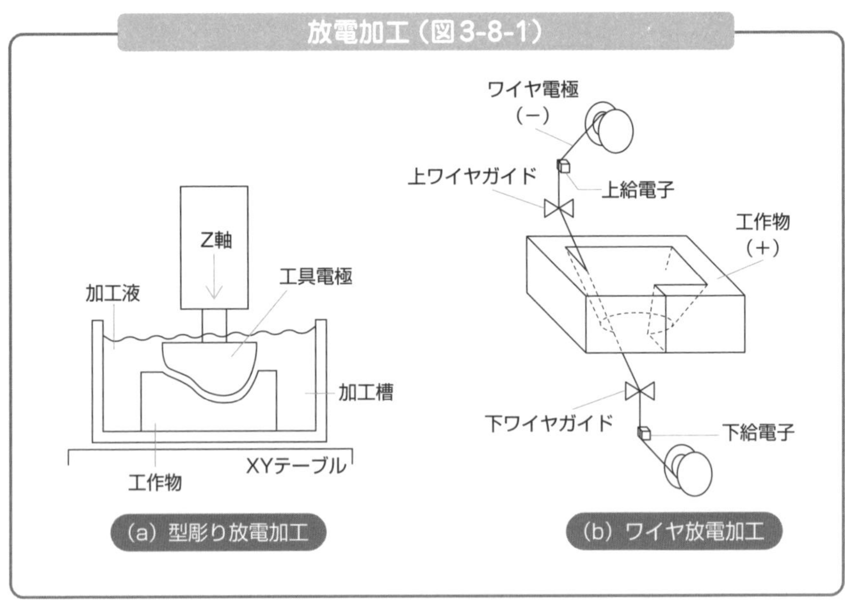

出典：機械実用便覧改訂第7版,P.907,日本機械学会（2011）

＊ **EDM**　Electrical Discharge Machiningの略。

 放電加工の特徴

- 導電性があれば、硬さに依らずに加工できるため、金属、非鉄金属、合金の加工が可能である。
- 切削加工が難しい硬い材料（焼入れを施した鋼、耐熱鋼、超硬合金など）も加工できる。
- 様々な形状の加工ができる。
- 寸法精度はやや低い。
- 加工速度が小さいため、加工に時間を要する（金型の加工、燃料噴射ノズルなどの微細加工など、付加価値が高い加工に向き）。

COLUMN 機械の定期点検

機械の**定期点検**は、産業機械の性能を維持し、長期的な信頼性を確保するために不可欠です。この点検により、機械の摩耗、損傷、または性能の低下を早期に発見し、大規模な故障や生産停止を防ぐことができます。定期点検のプロセスには、機械のクリーニング、潤滑、部品のチェック、必要に応じて部品の交換が含まれます。また、点検は機械の効率的な運用にも寄与し、エネルギー消費の削減や生産性の向上に繋がります。定期点検のスケジュールは、機械の種類、使用頻度、運用環境に応じて異なります。例えば、高負荷で連続運転する機械は、より頻繁な点検が必要です。点検の際には、運用マニュアルやメーカーの指示に従い、機械ごとに特有の要点を注意深くチェックすることが重要です。点検の記録を正確に保持することで、将来のメンテナンス計画の立案や、機械の性能評価に役立てることができます。近年では、センサー技術やデータ分析の進展により、予測保全のアプローチが注目されています。これにより、機械の状態をリアルタイムで監視し、点検の必要性をより正確に判断できるようになりました。しかし、従来の定期点検の重要性は変わらず、機械の健全性を保つうえで中心的な役割を担っています。正しい点検とメンテナンスは、機械の寿命を延ばし、企業の運用コストを削減するために、引き続き重要な要素です。

3-9 ホブ盤

ホブと呼ばれる円筒面にねじ状の切れ刃が付いた回転刃と、歯車材との相対運動によって歯車を削り出す工作機械をホブ盤と呼びます。

ホブ盤とは

図3-9-1の左側にあるホブを、工作物の加工面に対して適当な角度でおき、工作物とホブを回転させることで歯切りが行われます。

ホブ盤による歯車加工（図3-9-1）

歯切り加工を
行う工作機械です。

出典：ウィキペディア（User：Kolossos - 自ら撮影, CC 表示-継承 3.0, https://commons.wikimedia.org/w/index.php?curid=206219による）

試験対策問題

問1

下図に示す工作機械は、旋盤である。

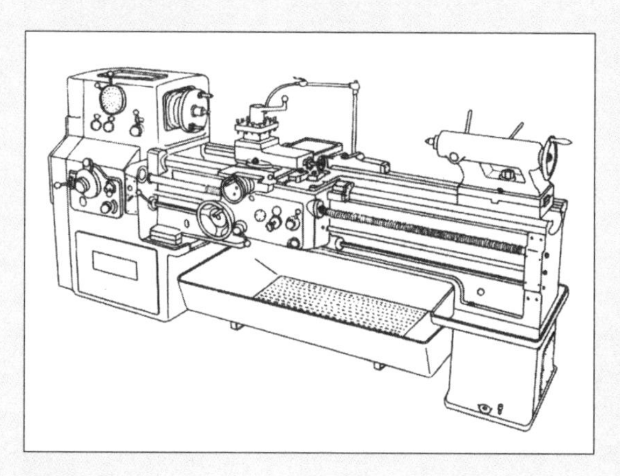

解答：正しい

解説：設問のとおり、図に示す工作機械は旋盤です。

問2

ボール盤とは、平面削りや溝削りなどの加工を行う工作機械である。

解答：誤り

解説：ボール盤は、ドリルやリーマなどの刃物を回転させて穴や座ぐりなどを加工する工作機械です。平面削りや溝削りに用いられるのはフライス盤などです。

問3

下図に示す工作機械は、フライス盤である。

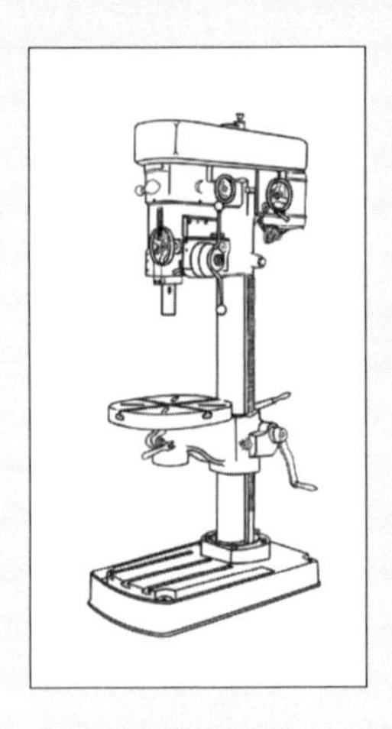

解答：誤り

解説：図に示す工作機械は穴などを加工するボール盤です。

問4

旋盤とは、工作物を主軸に取り付け、工作物を回転させながら加工を行う工作機械である。

解答：正しい

解説：旋盤は、工作物を主軸に取り付けて、「工作物を回転させます」回転している工作物に刃物（バイト）で切り込むことで旋削します。

問5

フライス盤とは、平面削りや溝削りなどの加工を行う工作機械である。

解答：正しい

解説：フライス盤は回転する切削工具（刃物）に対して、工作物をx,y,zの三次元方向に移動させることで、平面を削ることができます。また、エンドミルなどの刃物を取り付けて溝を加工することも可能です。

問6

旋盤とは、工作物を主軸に取り付け、切削工具を回転させながら加工を行う工作機械である。

解答：誤り

解説：問４で示したように、旋盤は、切削工具ではなく工作物が回転します。

問7

旋盤は、円筒の内外両方の切削加工が可能であるが、ねじ切り加工はできない。

解答：誤り

解説：旋盤は、円筒内外の切削加工のほか、ねじ切り、端面の切削、ローレット（外表面への凹凸模様の加工）、突切り（切断）などの加工が可能です。

問8

ホブ盤は、キー溝の加工を行う機械である。

解答：誤り

解説：ホブ盤は、歯車の歯型を創生する工作機械です。

問9

放電加工は、焼入れ鋼などの硬い材料の加工はできないが、加工面の表面粗さは小さく仕上げ部分がきれいに加工できる。

解答：誤り

解説：放電加工は、刃物で切削などを行うのではなく、放電による熱エネルギーで加工を行うため、硬い材料の加工も可能です。ただし、表面粗さの小さい加工は困難です。

Chapter 4

電気の基礎

機械設備は、電気を利用して動作するものや、電気信号で制御を行っているものが多くあります。

電気の基礎と、モーターなどの電気機器の動作原理と制御法など、基本的な事項を学びましょう。

4-1 電流

電流は、電荷の流れです。電子は負の電荷をもっているため、電子が流れることで電流が流れます。

電流とは

図4-1-1のように、電池と電気抵抗からなる回路には、マイナス極側からプラス極側に向かって、電子e⁻が流れています。これによって回路に電流が流れます。電流の流れる方向は、電子の流れる方向とは逆と定義されているため、プラス極からマイナス極に向かって電流が流れます。

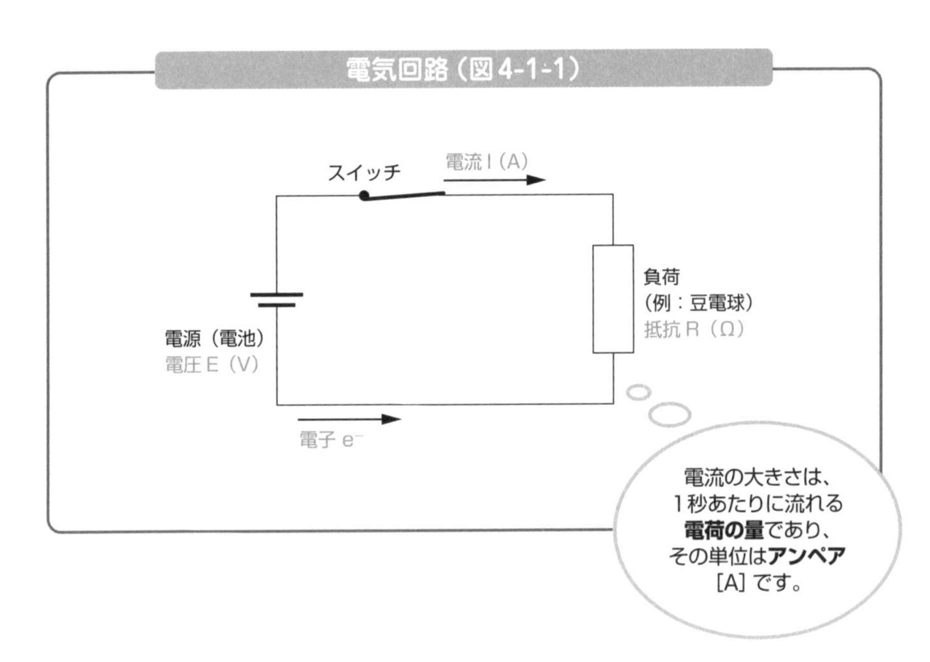

4-2 オームの法則

電気回路に流れる電流I[A]と、電圧E[V]、回路の電気抵抗R[Ω]の関係はオームの法則で表されます。

電流と電圧と抵抗の関係

電流は,電圧が高いほど多く流れます。一方で、電気抵抗Rは電流を流すのを阻害する抵抗として働きます。つまり、オームの法則は次のように表されます。

「回路に流れる電流I[A]は、電圧E[V]に比例し、抵抗R[Ω]に反比例する」

$$I = \frac{E}{R}$$

【例】

図4-1-1で示した電気回路の電池の電圧が4.2 Vであるとき回路に2Aの電流が流れた。この回路の電気抵抗R[Ω]を求める。

オームの法則$I = \frac{E}{R}$を用いてRを求めると、次のようになります。

$$R = \frac{E}{I} = \frac{4.2}{2} = 2.1\ \Omega$$

安全な作業慣行を厳守する

回路図の読み方を習得し、安全な作業慣行を厳守することが重要です。常に最新の電気基準に適合し、定期的な検査と適切なメンテナンスを心がけましょう。

4-3 回路の合成抵抗

回路に複数の電気抵抗が存在する際、抵抗の接続が直列の場合と並列の場合とで、作用する電気抵抗が異なります。

直列回路の合成抵抗

図4-3-1のように、直列接続された回路の合成抵抗Rcは、以下のように各抵抗の和で計算できます。

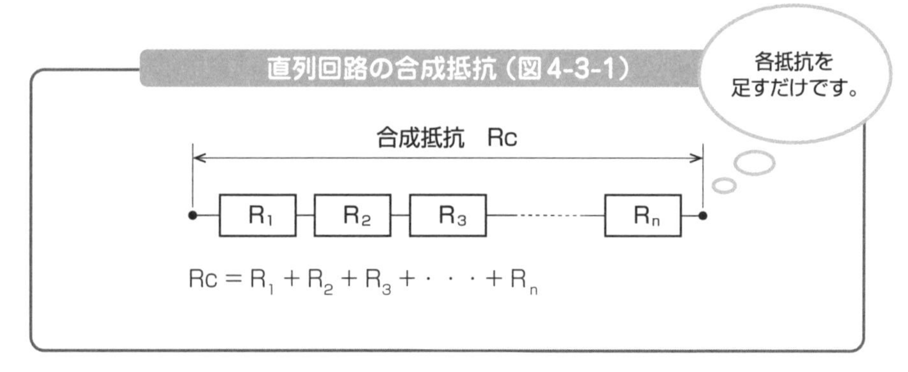

[例1]

図4-1-1に示した回路において、電池の電圧が4.2Vであり、抵抗には次の3つの抵抗R_1、R_2、R_3が直列接続されている。このとき、回路を流れる電流I[A]を求める。

$$R_1 = 1\Omega、R_2 = 2\Omega、R_3 = 4\Omega$$

まず、合成抵抗R_cを求める。

$$R_c = R_1 + R_2 + R_3 = 1 + 2 + 4 = 7\Omega$$

オームの法則で電流I[A]を求める。

$$I = \frac{E}{R_c} = \frac{4.2}{7} = 0.6A$$

並列回路の合成抵抗

図4-3-2のように、並列接続された回路の合成抵抗Rcは、次のように計算できます。

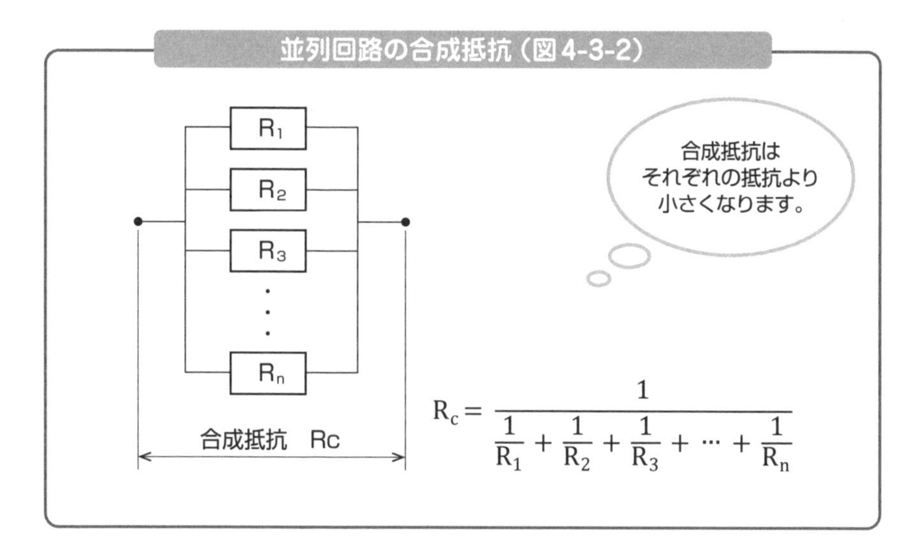

[例2]

例1において、抵抗が並列接続された場合に回路に流れる電流I [A] を求める。

合成抵抗を求める。

$$R_c = \frac{1}{\frac{1}{R_1} + \frac{1}{R_2} + \frac{1}{R_3}} = \frac{1}{\frac{1}{1} + \frac{1}{2} + \frac{1}{4}} = \frac{1}{1 + 0.5 + 0.25}$$

$$= \frac{1}{1.75}\,\Omega$$

オームの法則で電流I [A] を求める。

$$I = \frac{E}{R_c} = 4.2 \times 1.75 = 7.35 \fallingdotseq 7.4\text{A}$$

4-4 導体の電気抵抗

電気配線などの電気を通す物質を導体と呼びます。

導体の断面積と長さの影響

導体にも電気抵抗は存在します。図4-4-1に示すような円柱形の導体を考えます。その場合、流量は、パイプの断面積に比例して長さに反比例します。つまり、パイプが太く短いほど多くの水を流すのが容易になります。つまり、水を流す抵抗は、断面積に反比例して長さに比例します。

同じように、導体の電気抵抗Rは、電流が流れる導体の断面積A [m²] に反比例し、長さL [m] に比例します。その比例定数 ρ [Ω・m] を**抵抗率**と呼びます。

$$R = \rho\frac{L}{A}$$

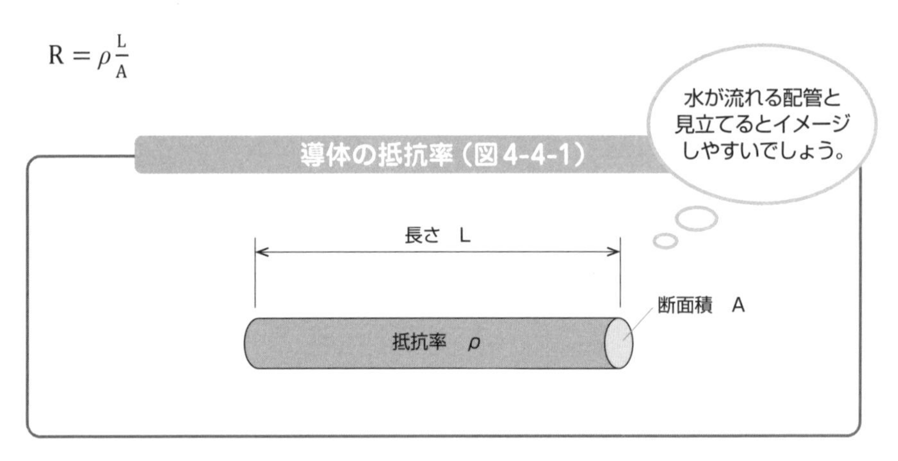

導体の抵抗率（図4-4-1）

温度の影響

一般に導体の抵抗率 ρ は、温度が上昇すると増加します。つまり、温度が高くなると電気抵抗が増加します。一方で、一般に絶縁体の抵抗率は、温度が上昇すると低下します。

4-5 電力

電力P [W] は、電気により単位時間（1秒）あたりになされる仕事（J）です。

電力とは

仕事は、力と距離の積で求められ、単位はN・m=J（ジュール）です。電力Pは電流I [A] と電圧E [V] の積で表され、単位は**W（ワット）**です。

$P = IE$ [W] —— (1)

式 (1) にオームの法則 $E = RI$ を代入すると、次のようにも表せます。

$P = I^2R$

電力量

電力量Q [Wh] は、電力Pと使用時間tの積です。通常、秒ではなく時間 (h) で表します。

$Q = Pt = IEt = I^2Rt$

[例]

電気抵抗4Ωの電熱ヒーターに24Vの電圧をかけて5h（5時間）使用している。このときの消費電力P [W] と、電力量Q [Wh] を求める。

オームの法則で電流I [A] を求める。

$$I = \frac{E}{R} = \frac{24}{4} = 6A$$

電力は $P = IE = 6 \times 24 = 144$ W

電力量は $Q = Pt = 144 \times 5 = 720$ Wh

4-6 直流電源と交流電源

電源には**直流**と**交流**があります。**直流は、時間と共に電圧が一定**であるのに対して、**交流**は**時間と共に電圧とその流れる向きが正弦波で周期的に変化**します。

直流と交流

繰り返し変化する電圧の1周期にかかる時間を**周期**T [s] と呼びます。また、1秒(s) 間あたりに行われる繰り返し数を**周波数**f [Hz] と呼びます。単位Hzは**ヘルツ**と呼びます。

$$f = \frac{1}{T}$$

交流（図4-6-1）

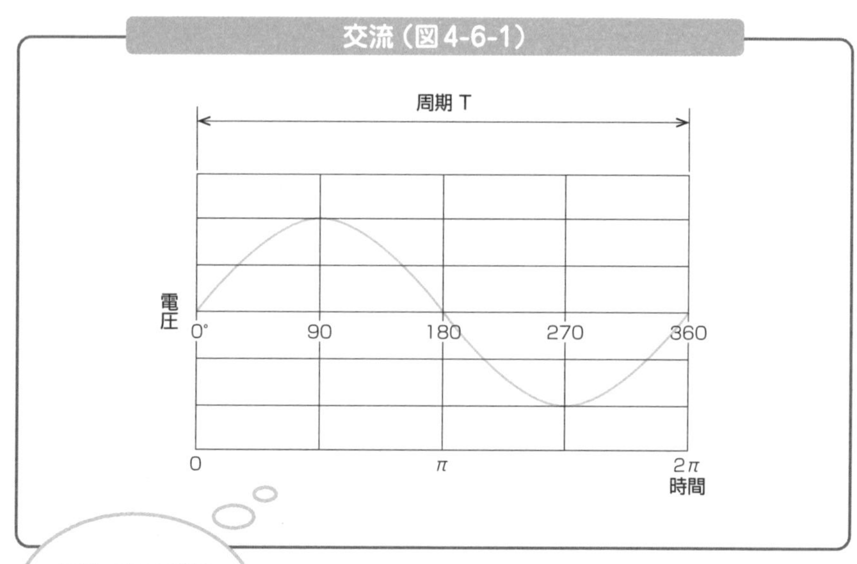

単相交流

2本の電線で交流を送る方式を**単相交流**と呼びます。例えば家庭用の電源は、100Vの単相交流です。

三相交流

図4-6-2に示すように、3本の電線（U、V、W）を使い、120°の位相差を与えて流す交流を**三相交流**と呼びます。

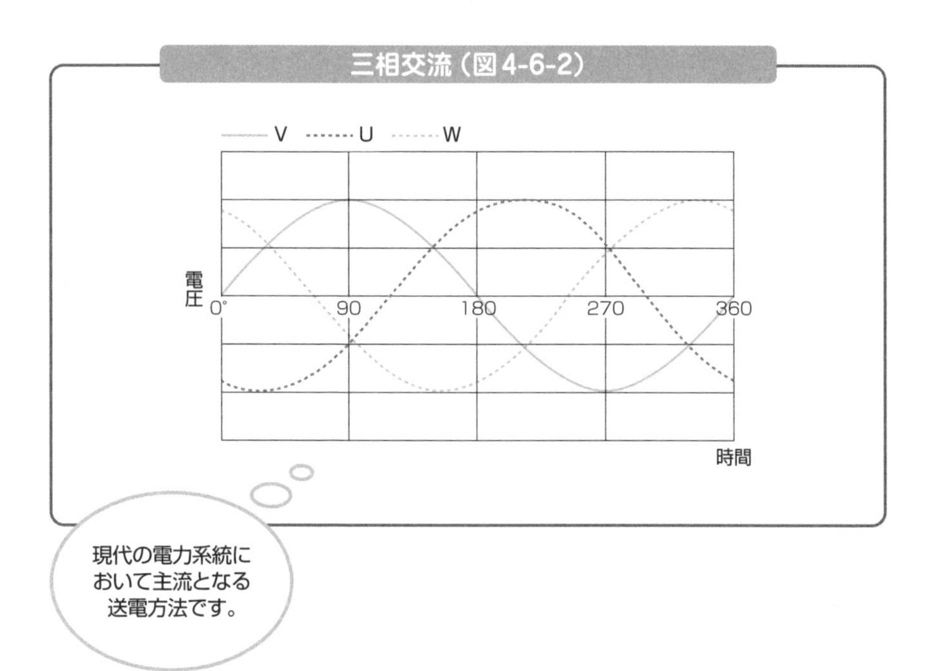

三相交流（図4-6-2）

三相交流は、単相交流に比べて少ない電流で同じ電力を得られます。一般に、電流が流れると電気的損失が増えるため、三相の方が効率的です。

120°の位相差をもって電気が流れるため、モーターを停止状態から回転させることができます。また、3本の線をつなぎかえると回転方向を逆にすることも可能です。

4-7 静電気

静電気とは、絶縁された二物体を接触し、離した際、一方が（+）、他方が（−）に帯電する現象のことをいいます。

物質の帯電列

物質の種類に応じて、正に帯電しやすいものや負に帯電しやすいものがあります。物質がどのように帯電しやすいかを並べたものを**帯電列**と呼びます。代表的な物質の帯電列を図4-7-1に示します。例えば、ガラスとポリエチレンを接触させてこすり合わせると、ガラスは正（+）に、ポリエステルは負（−）に帯電し、両者を離すと静電気が発生します。

帯電列（図4-7-1）

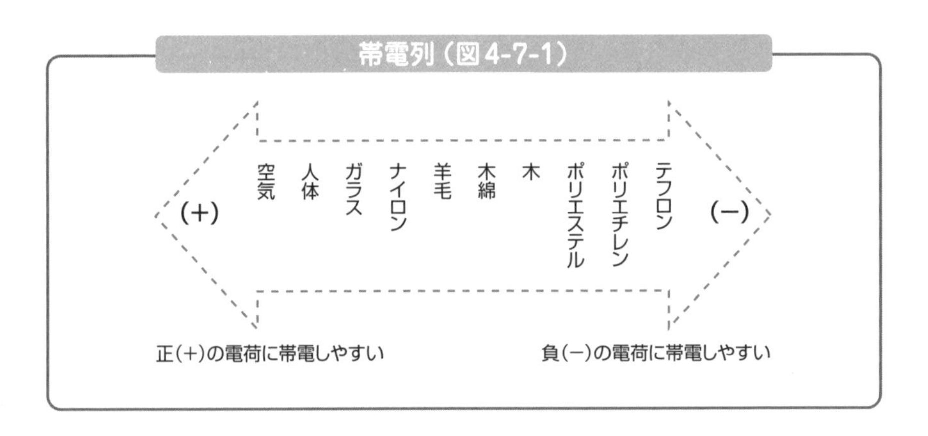

静電気の発生プロセスを図に示します。帯電していない物質は、正の電荷と負の電荷がバランスして電気的に中性です。帯電列の異なる物質同士を接触させたとき、電子が一方に偏ることで、両者の電荷が偏った状態になります。そのまま両者を離すことで、両者がそれぞれ正と負に帯電した静電気が発生します。

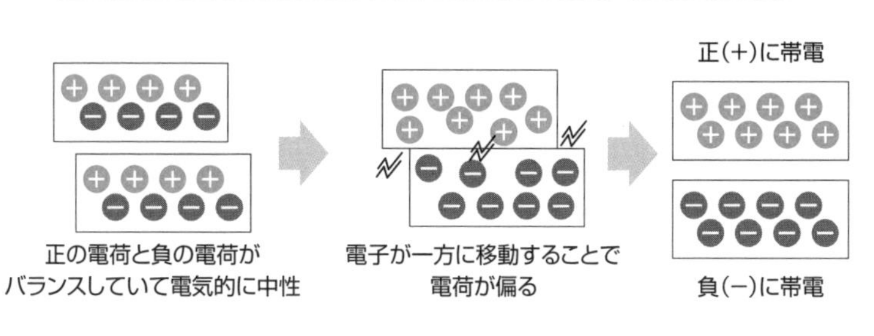

帯電列が大きく異なる物質ほど、より多くの静電気が発生します。また、両者を激しくこすり合わせるなど、摩擦が大きいほど発生しやすいです。

静電気は、固体の接触だけで生じるものではありません。配管内を流体が高速で流れることでも発生します。

静電気の放電エネルギー

静電気の帯電量Qと、帯電している静電気の帯電電圧Eと、物体の静電容量C（物体がどの程度の電荷を蓄えられるかを示す値）の関係は、次の式で表されます。

$$Q = CE$$

帯電量Q、帯電電圧Vの物体が持つ放電エネルギーE [J] は、次の式で表されます。

$$E = \frac{1}{2}QE = \frac{1}{2}CE^2$$

帯電量Q [C]　：クーロン

帯電電圧E [V]：ボルト

静電容量C [F]：ファラド

4-8 電動機

直流電動機は、フレミングの左手の法則によって生じる電磁力を回転運動に変化させることで作動します。

直流電動機

左手の親指、中指、人差し指を直角に向けて、人差し指を磁界の向き、中指を電流の向きにすると、親指の方向に力が発生します。**ブラシ**と呼ばれる端子を利用して、半回転ごとに電流の向きを反転させることで、一定の方向に力が発生するようにして連続的に回転運動を行うことができます。

直流電動機の原理（図 4-8-1）

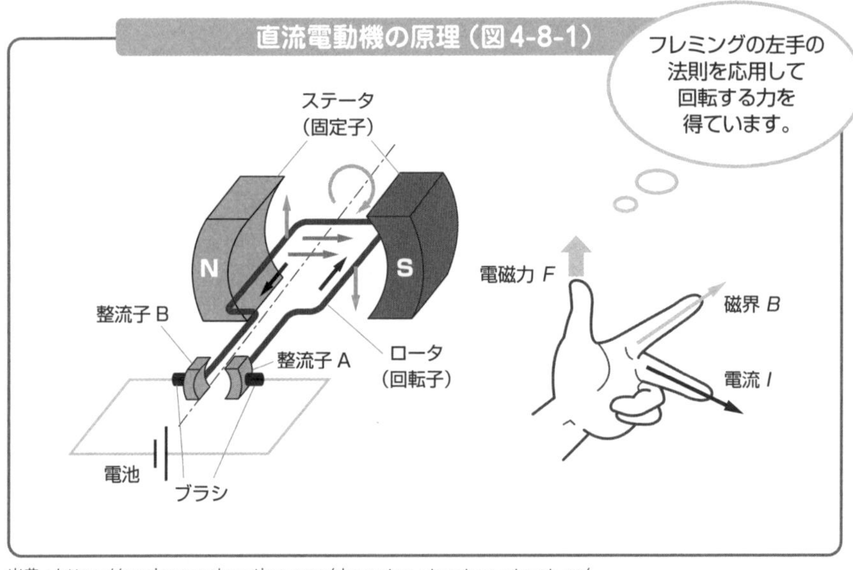

出典：https://engineer-education.com/dc-motor_structure-structure/

交流誘導電動機

固定子の巻線に交流電流を流すことで回転磁界をつくり、電磁誘導により回転子の巻線に誘導電流を流し、磁界との作用により回転力を発生させる電動機を**交流誘導電動機**と呼びます。

交流電流として三相交流を利用したものを**三相交流誘導電動機**と呼び、産業用や業務用に広く用いられています。

三相交流誘導電動機の特性

回転方向：三相交流誘導電動機は、三相交流のうちのいずれか二相の線を入れ替えると、回転方向が逆転します。

・**モーターの回転速度**

交流誘導電動機の同期速度（回転磁界の回転速度）は、モーターの理論的な回転速度となります。同期速度N_0は、電動機の極数Pと交流電源の周波数f[Hz]で決まり、以下の式で表されます。

$$N_0 = \frac{120f}{P} \text{[rpm]} \quad \cdots\cdots\cdots (1)$$

また、実際のモーターでは、負荷がかかることですべりが生じ、式(1)で示した同期速度N_0よりもやや低い回転速度Nになります。そこで、すべりによる回転速度の変化量をすべり率Sで表します。通常、すべり率Sは1～5%程度です。

$$S = \frac{N_0 - N}{N_0} = 1 - \frac{N}{N_0}$$

よって、

$$N = (1 - S)N_0$$

誘導電動機の起動

誘導電動機を定格電圧で起動すると、定格電流の6〜7倍程度の電流が流れ、電動機本体や周辺回路などに悪影響を及ぼす可能性があります。そのため、特に中型以上の電動機では、以下のように起動電流を小さくする対策がなされます。

- **スターデルタ（Y－Δ）起動**

電動機の固定子巻線をY（スター）結線とし、その数秒後にΔ結線にする起動方式です。Y結線で起動する際には、各巻線の電圧は電源電圧の1/3になり、起動電流は運転時の1/3となります。この方式は、5.5 kW程度以上のサイズのかご型誘導電動機の起動方法として利用されています。

誘導電動機の回転速度制御

式（1）で示したように、誘導電動機の回転速度は電源周波数と極数の関係で決まります。つまり、極数が一定のモーターを考えた場合、その回転速度は電源の周波数で決まります。そこで、誘導電動機の回転速度を自由に変えられるように、インバーターを用いて電源の周波数を変えることが行われます。

三相誘導電動機

三相誘導電動機は、省エネ、モーターの回転制御のしやすさなどの理由により、産業用に広く用いられています。

その回転速度は、電源周波数fとモーターの極数Pで決まること、インバーターで周波数を変えて回転数を変化させることが可能であること、2本の電線を入れ替えると回転方向が変わることをおさえておきましょう。

4-9 制御装置

制御装置は、機械やシステムの動作を自動的に調節し管理するための装置です。プロセスの開始、停止、監視、調整などを行うための機械的、電子的な部品なども含まれます。

開閉器

開閉器は、正常作動時の電力回路を開閉する装置です。一般には大型のものを**開閉器**と呼びますが、小型のものは単に**スイッチ**と呼ばれます。開閉器として代表的なものを次に記します。

- **電磁開閉器**

電磁石を用いて接触開閉部を操作する電磁接触器と、過電流保護を行う温度継電器（サーマルリレー）を組み合わせたものであり、電動機、ヒーター、ランプ、電磁弁の開閉などに広く用いられます。

- **ガス負荷開閉器**

空気に比べて絶縁性能と消弧性能（アーク放電エネルギーを速やかに消滅させること）が高いガスを容器に封入した開閉器です。

- **ナイフスイッチ**

板（ナイフ）状の電極（刃）を、電極（刃受）に差し込むことによりスイッチ動作を行う開閉器です。主に分電盤や配電盤に利用されます。

- **遮断器**

遮断器は、平常時に回路の開閉を行うほかに、機器や回路が地絡や短絡などの異常が発生した際に過電流継電器（オーバーカレントリレー）と組み合わせて、速やかに回路を自動遮断する機能を持ちます。遮断器には、ガス遮断器、真空遮断器、油入遮断器、空気遮断器などがあります。

- **断路器**

断路器は、回路に電流が流れていない無負荷状態での回路の開閉を行う開閉機器です。

自動制御装置

- **シーケンス制御**

シーケンス制御は、あらかじめ定められた順序や条件(シーケンス)に沿って順次動作を進めていくことで機器類を制御する手法を指します。

- **フィードバック制御**

フィードバック制御は、目標値と制御結果を比較して、計測結果が目標値に近づくように制御を行う制御手法です。

- **自己保持回路**

ボタンを押すと回路が動作し、ボタンを離しても動作を続けるものを**自己保持回路**と呼びます。自己保持回路は、停止ボタンを押すまで動作を続けます。

- **インターロック回路**

同時に作動してはならない機器の誤作動を防止するために、一方の機器が作動している場合にはもう一方の機器を作動させないようにする回路を**インターロック回路**と呼びます。

- **ディレイタイマー**

ON/OFF動作をした際に、ただちには動作せず、ある設定時間が経過したあとで接点がON/OFF動作をする制御装置を**ディレイタイマー**と呼びます。

試験対策問題

問1

下図に示す回路に流れる電流Iは、４Aである。

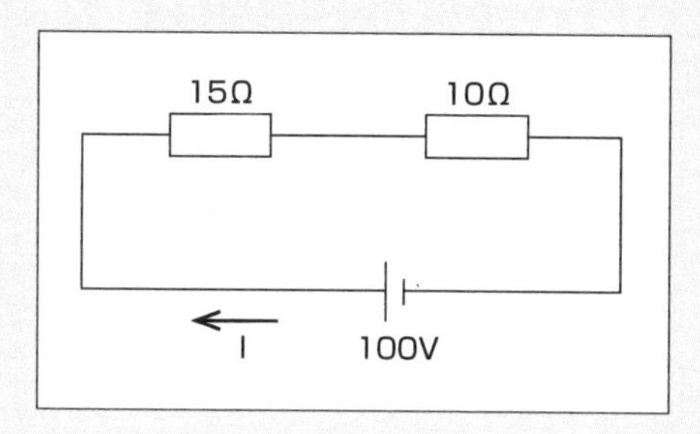

解答：正しい

解説：以下のように回路に流れる電流を求めます。

①まず、回路の合成抵抗R_c[Ω]を求めます。直列接続された抵抗の合成抵抗は各抵抗の和です。

$$R_c = R_1 + R_2 = 15 + 10 = 25\Omega$$

②合成抵抗を求めたら、オームの法則で電流I[A]を求めます。

$$I = \frac{E}{R_c} = \frac{100}{25} = 4\,A$$

問2

下図に示す回路の電圧Eは、1.5 Vである。

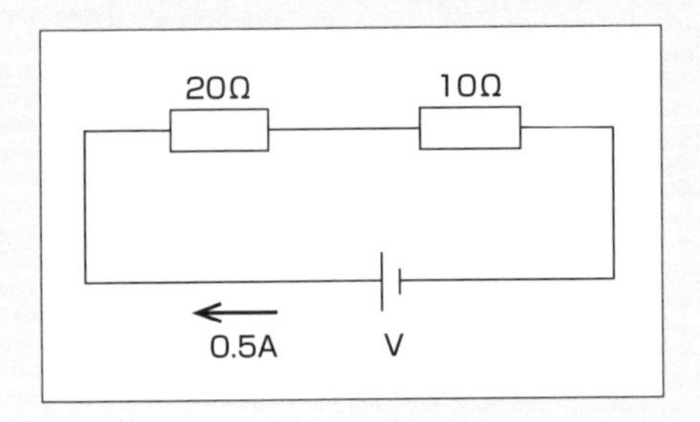

解答：誤り

解説：問1と同様の解答プロセスで求められます。

①回路の合成抵抗R_c［Ω］を求めます。

$$R_c = R_1 + R_2 = 20 + 10 = 30\Omega$$

②合成抵抗を求めたら、オームの法則で電圧E［V］を求めます。

$$E = IR_c = 0.5 \times 30 = 15V$$

よって、正しくは15 Vです。

問3

導体に流れる電流の大きさは、加えた電圧に比例し、導体の抵抗に反比例する。

解答：正しい

解説：この設問の記述は、以下に示す「オームの法則」であり、正しいです。

オームの法則：「回路に流れる電流I［A］は、電圧E［V］に比例し、抵抗R［Ω］に反比例する」

$$I = \frac{E}{R}$$

問4

三相誘導電動機は、3本の電源線のうち、いずれかの2本の接続を入れ替えても、電動機の回転方向は変わらない。

解答：誤り

解説：三相誘導電動機は、3相（3本）ある電源線のうち、いずれか2本の接続を入れ替えると、逆回転をします。

問5

2極と4極の三相誘導電動機を同じ電源で使用する場合、4極の回転数は2極の回転数の2倍になる。

解答：誤り

解説：三相誘導電動機の回転数は、電動機の滑りを無視すれば（これを同期速度N_0と呼びます）、電源の周波数fと極数Pで決まり、次のように表されます。

$$N_0 = \frac{120f}{P} \text{ [rpm]}$$

つまり、周波数fが同じで極数Pが2極から4極になったら（極数が2倍になったら）、回転数は1/2（半分）になります。

問6

消費電力100Wの電熱器を1時間使用したときの電力量は100 Whである。また、これをkJで表すと360 kJである。

解答：正しい

解説：電力量Q [Wh] は、電力Pと使用時間tの積です。

$$Q = Pt = 100 \times 1 = 100\ \mathrm{Wh}$$

1時間は60分、1分は60秒なので、1時間は60×60=3600秒です。よって、100Whは次のようになります。

$$100\ \mathrm{Wh} = 100 \times 3600 = 360000\ \mathrm{J} = 360\ \mathrm{kJ}$$

（ワットWはJ/sなので、Ws=Jになるため）

Chapter 5

機械保全

機械の保全を行う上で重要となる事項として、保全計画、保全方式、設備の信頼性と故障、品質管理、工程管理などがあります。これらの基本を学びましょう。

5-1 保全計画

機械の故障率は、時間と共に変化します。その変化の曲線は、一般的に浴槽（バスタブ）のような形をしていることから、バスタブ曲線（故障率曲線）と呼ばれます。

故障率曲線

横軸に使用時間をとって、縦軸に故障率をとって、時間と共に故障率がどのように推移するかを表した曲線を**故障率曲線**と呼びます。

一般的に、機械や機器の使用開始時には、故障が多く出やすいです。その後故障率は低下しますが、使用時間が長くなってくると再び故障率が増加していきます。この曲線がバスタブのような形状をしているため、**バスタブ曲線**（図5-1-1）とも呼ばれます。

バスタブ曲線（図5-1-1）

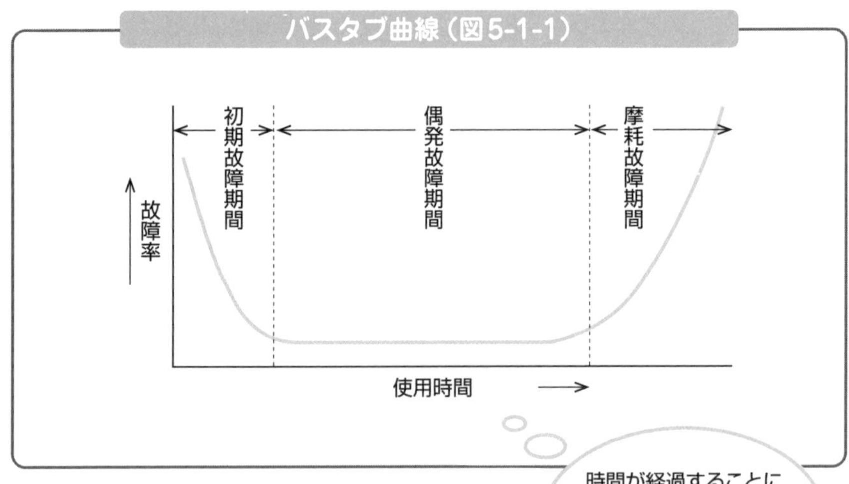

・初期故障期間

一般的に、機械や機器の使用開始時には、製造上の欠陥によって初期不良が発生しやすいです。つまり、使い初めに故障率が高い傾向になります。その後、時間と共にこれらの故障は取り除かれて故障率が低下していきます。この期間を**初期故障期間**と呼びます。機械や機器の種類によりますが、初期故障期間は1年程度のスパンです。

・偶発故障期間

初期故障期間において、製造上の欠陥などの原因を取り除くことで故障率は低くなりますが、その後も欠陥をゼロにはできないため、軽微な欠陥によって故障は依然として発生します。これを**偶発故障期間**と呼びます。

・摩耗故障期間

機械や機器を使用して一定期間経過したあとは、機械や機器を構成する要素の劣化が始まるために、故障率が時間と共に増加します。これを**摩耗故障期間**といいます。

身近な製品においても、その故障率はバスタブ曲線を示すものが多いです。例えば、自転車を例に考えます。購入時に、まれにどこかの部分に不具合が生じることもあります。「ブレーキの効きが悪い」「ライトが点かなくなる」などです。これらの故障は初期に発生することが多いです。多くの製品に1年間程度の保証がついているのはこのためです。その後、故障は減っていきますが、やがてブレーキが摩耗したり、チェーンが劣化したり、オイルシールが劣化したりして、故障が増えていきます。これが摩耗故障期間です。

潜在的な問題を早期に発見、対処

機械の効率と寿命は適切な保全にかかっています。予防保守を計画的に行い、潜在的な問題を早期に発見し、対処することが鍵です。

5-2 保全方式

機械や設備におけるライフサイクルとは、設備や装置の「計画、設計、製作、運用、保全、廃棄」に至る一連の段階および期間を指します。つまり、機械や設備の一生を意味します。

ライフサイクル

ライフサイクルコスト(LCC*)とは、上記のライフサイクル全体にかかる総費用を指します。

機械や設備を保全するにあたって、単に設備を長く使えるように保全すればよいという訳ではありません。ライフサイクルコストも考えながら、保全を行っていくことが重要です。

●生産保全

生産保全(PM*)は、設備のライフサイクルにおいて生産性を高めるために行う保全のことです。そのため、設備の計画・設計の段階から、設備の製作、維持にかかるコストを下げ、そして設備の経年劣化によって生じるコストを下げることも考えます。つまり、ライフサイクルコストを考えた上で、トータルで設備の生産性を高めることを目標として行う保全活動です。

生産保全は図5-2-1のように分類できます。生産保全は、**維持活動**と**改善活動**に大別されます。**維持活動**は、その設備の機能や性能を維持するための保全活動を指します。**改善活動**は、設備の故障を減らすために積極的に改善をする保全活動を指します。

---

* **LCC**　Life Cycle Costの略。
* **PM**　Productive Maintenanceの略。

生産保全の分類（図5-2-1）

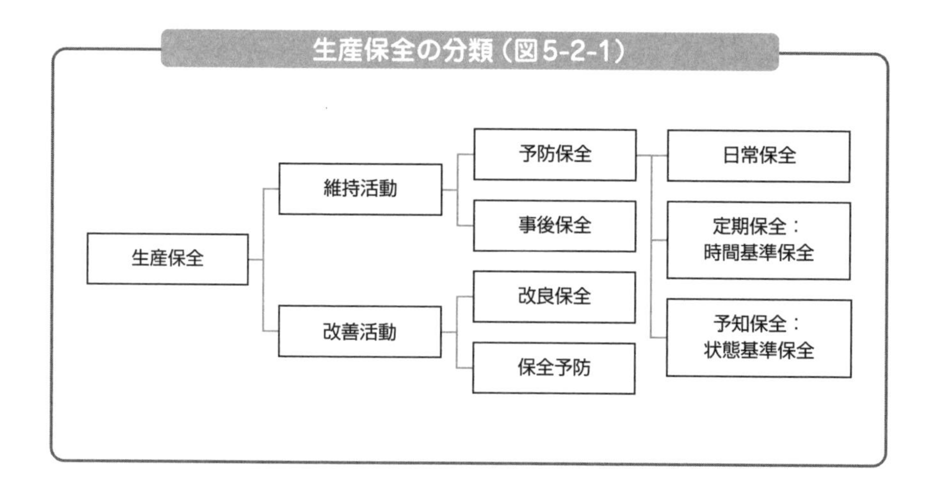

・**事後保全（BM＊）**

先に事後保全について説明をします。**事後保全**とは、故障が起きたあとに保全を行うことを指します。つまり、設備が壊れることで、機能低下をしてきてから保全を行うものです。

・**予防保全**

予防保全は、設備が壊れる前に保全を行うことを指します。つまり、使用中の設備の故障を未然に防ぐために行う保全活動です。予防保全は、壊れていない機器を保全するため、どのタイミングでどのような保全を行うかを決めて保全を行う必要があります。そのため、次のような保全を行います。

①日常保全

日々の機器の点検、注油、調整、清掃などを**日常保全**と呼びます。

②定期保全（Periodic Maintenance）

定期保全は、ある決められた期間ごとに予防保全を行うことです。これは**時間基準保全**（TBM＊）とも呼ばれます。TBMは、過去の故障実績やメンテナンス実績などを勘案して、保全の周期を決めて実施されます。

＊**BM**　Breakdown Maintenanceの略。
＊**TBM**　Time Based Maintenanceの略。

③**予知保全**（Predictive Maintenance）

予知保全は、一定周期ではなく、設備の状態を基準にして行う保全です。これは**状態基準保全**あるいは**状態監視保全**（CBM*）とも呼ばれます。状態基準保全は、設備の状態を監視、診断する技術を備えることで、設備を構成する部品などの劣化状態を把握します。その結果をもとに、補修などを計画的に実施します。例えば、ある回転機械の故障のほとんどは、ベアリングの劣化からくるとします。その場合、以下のような状態監視が考えられます。

例）ベアリングの故障の前兆として、ベアリングからの異音発生がある ➡ 当該部分の音の測定と監視を行う。振動の測定と監視を行うなどが考えられる。

例）ベアリングの故障は、潤滑油の温度が原因で起こる ➡ 潤滑油温度を測定・監視して、その結果をもとに保全を行うなどが考えられる。

- **改良保全**（CM*）

改善活動として行う保全です。設備の信頼性向上を目的とし、既存設備の課題を抽出して積極的に改良を施すことで、劣化や故障を減らします。つまり、保全不要設備を目指す保全といえます。

- **保全予防**（MP*）

前述の改良保全は、既存設備の改良を目指す保全法です。これに対して、**保全予防**は、新規設備の計画や設計段階で行う、保全不要設備を目指す取り組みです。

- **設備履歴簿**

設備履歴簿とは、機械設備の導入（導入時のメーカー、仕様、金額）から現在に至るまでの履歴（点検、整備、故障、修理、改修などの履歴やその費用など）を記録したものです。このような記録を残しておくこと、保全計画や故障、改修、更新などの対応や判断に役立ちます。

＊**CBM**　Condition Based Maintenanceの略。
＊**CM**　Corrective Maintenanceの略。
＊**MP**　Maintenance Preventionの略。

5-3 故障に関する用語

対象となるもの（システム、機械、設備、部品）が、規定の機能を失うことを故障と呼びます。本節では故障に関する用語とその意味を解説します。

一次故障と二次故障

一次故障とは他のアイテムの故障によって引き起こされたものではない故障を指します。これに対して、**二次故障**は、他のアイテムの故障を起因として発生する故障のことを指します。例えば、過電流を防ぐための保護回路の故障により、モーターが故障したとします。この場合、保護回路の故障がなければモーターの故障は起こらなかったため、モーターの故障は二次故障にあたります。

欠陥

対象となるものの故障につながる原因、欠点、異常な状態などを**欠陥**と呼びます。

（例）ベルトコンベアを駆動する歯車と軸の接続部分のキーの強度が不足しているため、キーが破損してベルトコンベアの故障につながる恐れがある。

故障モード

故障モードとは、ある故障メカニズムによって発生した故障の状態を分類したものです。例えば、「劣化」「腐食」「摩耗」「折損」「短絡」「変形」「クラック」などのように分類されます。

故障メカニズム

故障に至るまでに、物理的、化学的、機械的、電気的、人間的などの要因としてどのような過程をたどってきたかのしくみを**故障メカニズム**と呼びます。つまり、故障に至った過程を指します。

[例]

<故障の内容>

ポンプを駆動するエンジンが焼き付きを起こした。

<故障メカニズム>

①日常保全において、油量の点検と注油を怠っていた。

②ガスケットの劣化によるオイル漏れを発見できなかった。

③潤滑油量が減少し、必要部分に油が回らなくなった。➡焼き付き発生

故障解析

対象となるシステムの故障の原因、メカニズム、発生確率、故障による影響などを系統的に調べることを**故障解析**と呼びます。代表的な故障解析手法を次に示します。

●故障モード影響解析（FMEA）

FMEA＊は、部分的な故障や人為的エラーなどが、「より複雑な上位の装置やシステムの故障に対してどのような影響を及ぼすか」、「どうすれば防げるか」、「どのように改善をすればよいか」などを解析していく手法です。つまり、個々の故障などがその上位過程にどう影響するかを解析する、**ボトムアップ手法**です。FMEAをシステムの信頼性ではなく、安全性の評価（ある事象が安全性にどのように影響を及ぼしていくか）を解析するのに用いることを**ハザード解析**と呼びます。

●故障の木解析（FTA）

FMEAが故障の原因となる個々の事象から出発してそれが上位過程にどう影響をするかを解析するボトムアップ手法であるのに対して、**FTA**＊は、装置の故障という結果からスタートしてそれに至る要因をさかのぼって樹形図に表し、その発生要因を予測、解析する**トップダウン手法**です。

●なぜなぜ分析

なぜなぜ分析とは、「なぜ？」「なぜ？」という問いかけを繰り返すことで根本的な原因を探る分析手法です。

＊**FMEA**　Failure Mode and Effect Analysisの略。

＊**FTA**　Fault Tree Analysisの略。

5-4 信頼性に関する用語

信頼性とは「アイテムが与えられた条件で規定の期間中、要求された機能を果たすことができる性質」と定義されます。本節では、信頼性に関する用語とその意味を解説します。

信頼度

信頼性を定量的に表したものが**信頼度**です。信頼度は、「アイテムが与えられた条件で規定の期間中,要求された機能を果たす確率」と定義されます。信頼度を評価するための尺度として、次のものが用いられます。

平均故障間隔

MTBF[*]は、システムが故障に至るまでに稼働した時間の平均です。つまり、平均的に何時間に1度故障するかを意味します。

$$\mathrm{MTBF} = \frac{\text{合計稼働時間}}{\text{故障回数}}$$

平均修復時間

MTTR[*]は、故障が発生したときに修理に要する時間の平均です。

$$\mathrm{MTTR} = \frac{\text{合計停止時間}}{\text{故障回数}}$$

つまり、MTBFが大きく（長い時間故障しない)、MTTRが小さい（故障からの復旧が早い）システムほど稼働できる時間が長くなります。

＊**MTBF**　Mean Time Between Failuresの略。
＊**MTTR**　Mean Time To Repairの略。

稼働率

稼働率（アベイラビリティ）は、全運転時間中にどれだけの時間稼働できたかを指します。

$$稼働率=\frac{合計稼働時間}{運転時間}=\frac{合計稼働時間}{合計稼働時間+合計停止時間}$$

$$=\frac{\mathrm{MTBF}}{\mathrm{MTBF+MTTR}}$$

例として、下図のように全運転時間24時間中に2回の故障が起こったとします。この場合、MTBFとMTTRと稼働率は次のようになります。

9時間 稼働	1時間 停止	8時間 稼働	2時間 停止	4時間 稼働

運転時間24時間

$$\mathrm{MTBF}=\frac{合計稼働時間}{故障回数}=\frac{9+8+4}{2}=10.5時間$$

$$\mathrm{MTTR}=\frac{合計停止時間}{故障回数}=\frac{1+2}{2}=1.5時間$$

$$稼働率=\frac{合計稼働時間}{運転時間}=\frac{21}{24}=0.875\ (87.5\%)$$

保全性

システムの故障を完全になくすことは不可能です。そのため、故障が起きた際にいかに早く回復できるかも重要です。つまり、**保全性**が高いシステムが要求されます。これは、故障を防ぐための清掃、点検、整備などが容易で、故障時に不具合の発生箇所を素早く発見して修復・復旧できる設備を指します。

保全度

修理可能なシステムの保全を行う際に、与えられた条件において要求された期間内に保全が終了する確率を**保全度**と呼びます。

フール・プルーフ設計

システムの誤操作を避けるように設計、あるいは人が機械やシステムの操作や取り扱い方法を誤った際に、誤作動を防ぎ故障をしないように設計することを**フール・プルーフ設計**と呼びます。

フェール・セーフ設計

もし、システムや設備に異常が発生した場合でも、事故や災害に繋がらないように安全性が確保されるように配慮された設計を**フェール・セーフ設計**と呼びます。

機械の動作原理を学ぶ

機械を理解し、その動作原理を学ぶことが重要です。故障の原因を追究し、修理よりも予防に重点を置きましょう。

5-5 品質管理

JIS Z 8101品質管理用語の定義において、品質管理は次のように定義されています。「買い手の要求に合った品質の品物またはサービスを経済的につくり出すための手段の体系」つまり、「顧客からの要求やニーズに合った品物やサービスを経済的につくり出す取り組み」といえます。

品質管理QC

品質管理を略して**QC***と呼びます。

統計的品質管理SQC

品質管理は、統計的手法を使って行われてきたことから、**統計的品質管理**（SQC*）と呼びます。

全社的品質管理TQC

実際に、製品の品質を管理するためには、製造部門だけの取り組みでは足りません。設計・製造・資材・営業・財務・人事などの全部門が連携して品質管理を効果的に実施していく必要があります。このような活動を、**全社的品質管理**または**統合的品質管理**（TQC*）と呼びます。

総合的品質管理TQM

TQCの特徴である全部門で品質管理に取り組むことに加えて、マネジメントの要素を加えたものが**総合的品質管理**（TQM*）です。

---

* **QC**　Quality Controlの略。
* **SQC**　Statistical Quality Controlの略。
* **TQC**　Total Quality Controlの略。
* **TQM**　Total Quality Managementの略。

PDCAサイクルとデミングサークル

PDCAサイクルは、生産管理、品質管理における継続的な改善を行う手法の1つとして用いられる概念です。Plan（計画）- Do（実行）- Check（点検、評価）- Act（改善）の4つのプロセスを繰り返すことを指します。**デミングサークル**（**デミングサイクル**）とも呼ばれます。PDCAの考え方が生まれるのに重要な役割を果たした米国のデミング博士がその名の由来です。現在では、生産管理だけでなく、様々な職種や業種、プロセスにおいてPDCAが用いられています。

PDCAサイクル（図5-5-1）

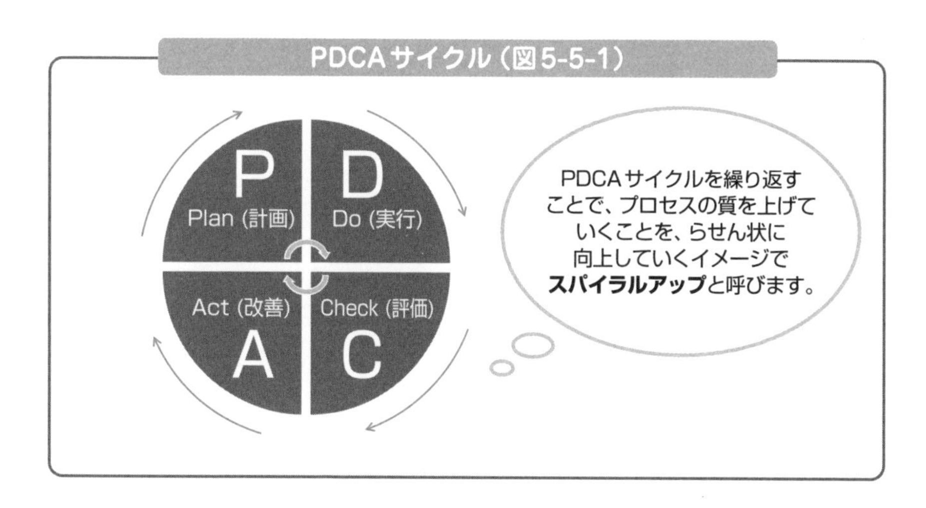

QC7つ道具

品質管理QCを行う手法として、**QC7つ道具**があります。QC7つ道具の特徴は、データを定量的に分析することで、品質の管理・改善を行おうとすることです。

▼表5-5-1　QC7つ道具

①チェックシート	⑤特性要因図
②パレート図	⑥散布図
③管理図/グラフ	⑦層別
④ヒストグラム	

チェックシート

品質管理のために、あらかじめ決めたチェック項目を簡単にチェックできる表または図を**チェックシート**と呼びます。チェックシートを用いることで、簡便に、もれなくチェックが必要な項目の確認ができるようにしています。

パレート図

データを項目別に分類して、それを大きい順に並べた図を**パレート図**と呼びます。例えば図5-5-2に示すように、不具合の種類と不具合の件数をパレート図で表すと、原因や現象などの分類、項目別に重点項目が一目でわかります。

パレート図（図5-5-2）

不具合の内容	件数	割合［%］	累積比率［%］
締付トルク不足	84	42	42
キズ	54	27	69
メッキ剥がれ	34	17	86
脱脂不足	18	9	95
組付けミス	8	4	99
その他	2	1	100

パレート図

100
80
60
40
20
0
不具合の件数
100
80
60
40
20
0
累積比率［%］
件数
累積比率［%］
締付トルク不足
キズ
メッキ剥がれ
脱脂不足
組付けミス
その他
不具合の内容

パレート図は、
不具合の内容別の
不具合件数などの
把握と管理に有用です。

特性要因図

特定の結果に対してその原因となるものの関係を系統的に表した図を**特性要因図**（図5-5-3）と呼びます。

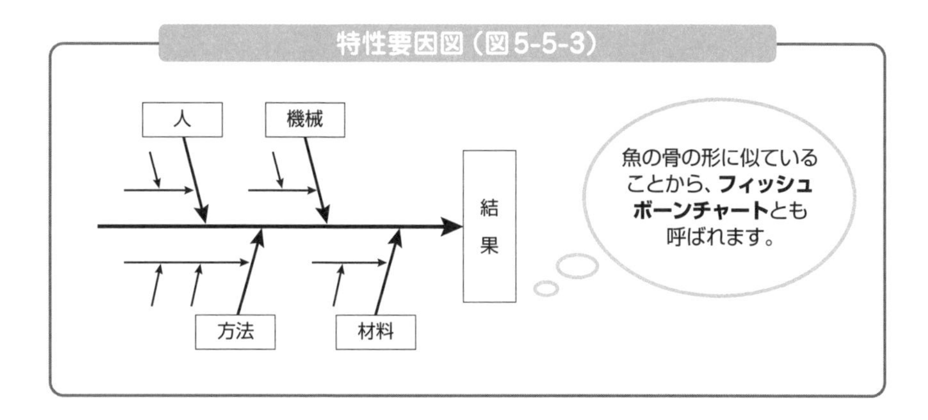

度数分布表

製品の品質に関する特性値を、いくつかの等間隔なクラスに分けて、各クラスの特性値に該当する数を（度数）をまとめたものを**度数分布表**（図5-5-4）と呼びます。

ヒストグラム

度数分布表を棒グラフとして表したものです（図5-5-4）。横軸にクラスの値をとり、縦軸に度数（該当する測定値の数）をとってヒストグラムを描きます。

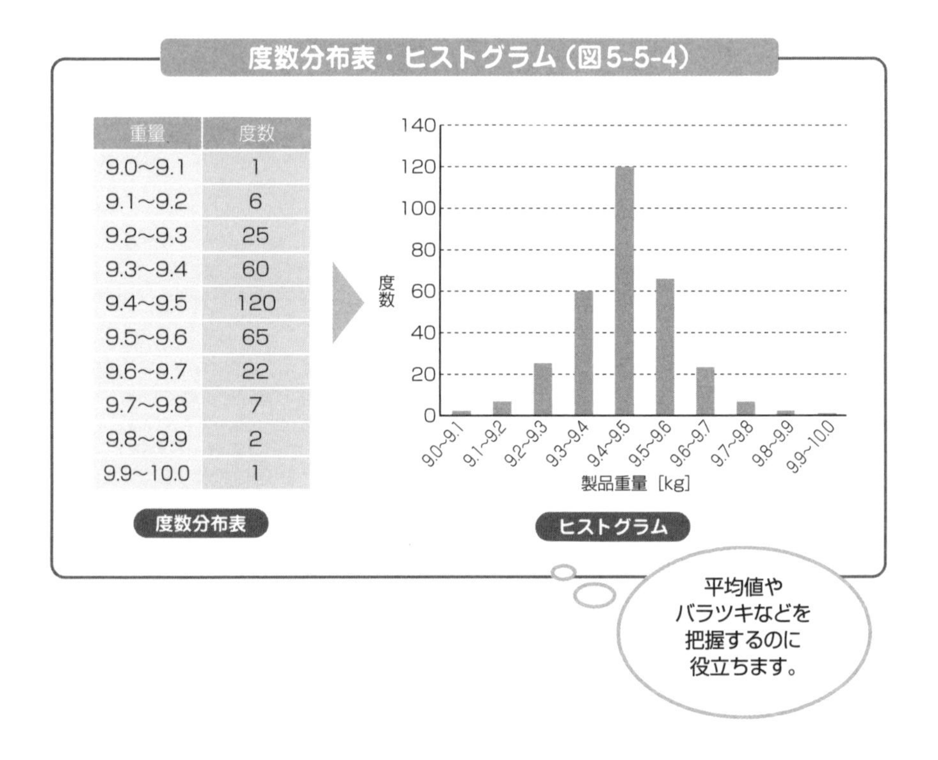

重量	度数
9.0~9.1	1
9.1~9.2	6
9.2~9.3	25
9.3~9.4	60
9.4~9.5	120
9.5~9.6	65
9.6~9.7	22
9.7~9.8	7
9.8~9.9	2
9.9~10.0	1

散布図

散布図とは、2種類の項目を縦軸と横軸にとって、その関係をプロットしたグラフです。このグラフから、2つの項目の間には、どんな関係（相関関係）があるのか、あるいは関係がないのかを知ることができます。

図5-5-5に散布図の例を示します。例えば、2つの数値XとYの関係をプロットしたところ、図（a）のようになったとします。この場合、「Xが大きいほどYも大きい」という関係が見出せます。このような場合、XとYには**正の相関**があるといいます。例えば、冬場の空調の設定温度と電気料金には正の相関があると思われます。

XとYの関係が図（b）のようになった場合、「Xが大きいほどYが小さい」という関係が見出せます。このような場合、XとYには**負の相関**があるといいます。例えば、安全教育を受けた従業員の割合が大きい工場ほど、事故発生率が低いとすると、両者には負の相関があるといえます。

また、図(c)のようになった場合、「XとYには相関が認められない」といえます。(a)と(b)のように相関が認められるものと、(c)のように認められないものとの中間のケースも存在します。つまり、「弱い相関が認められる」「相関がありそう」といった状況です。

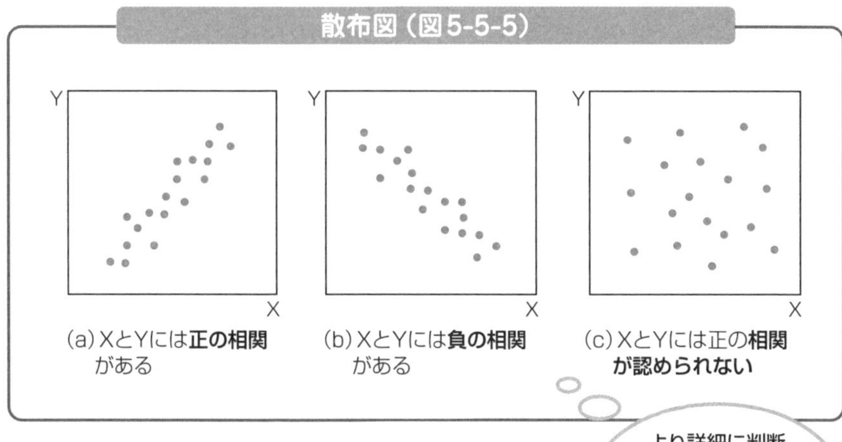

正規分布

例えば、大量生産される製品の重量を測定すると、平均値を中心に左右対称に分布した釣り鐘型の分布形状になることが多いです。これを**正規分布**と呼びます。このとき、標準偏差σの範囲で区切ると、そこに含まれる製品は次のようになります。

$\sigma \pm 1$の範囲：全製品の68%が含まれる
$\sigma \pm 2$の範囲：全製品の95%が含まれる
$\sigma \pm 3$の範囲：全製品の99.7%が含まれる

つまり、この製品の重量が、$\pm 1\sigma$の範囲にある確率は68%、$\pm 3\sigma$の範囲にある確率は99.7%です。製品が3σの範囲外になる確率は0.3%です。製品が3σから外れるような場合には、製造工程に異常が生じているなどの判断基準となります。

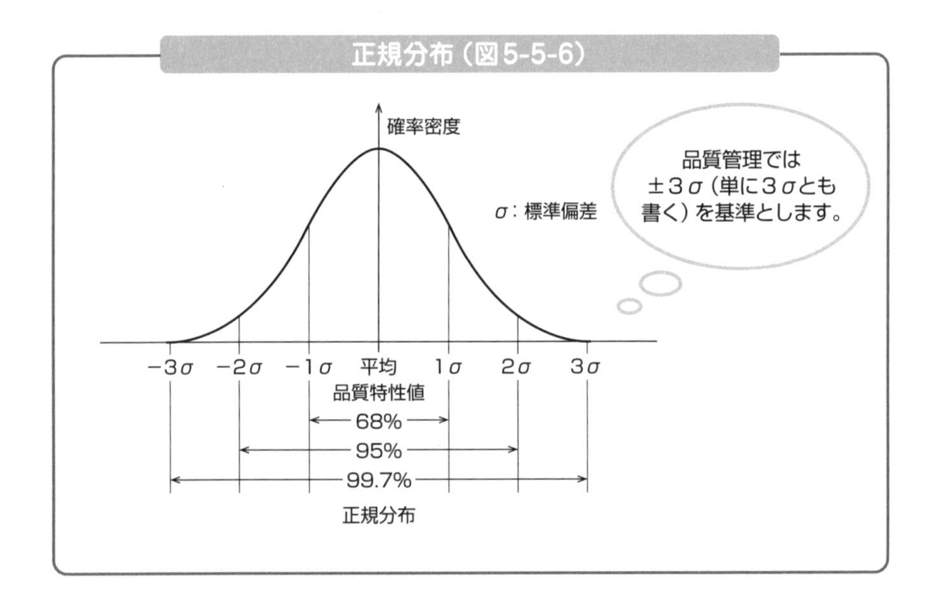

管理図

管理図は、品質バラつきの原因が偶然か異常かを判断するのに用います。製造品の品質には必ずある範囲のばらつきが生じますが、そのばらつきを規定の範囲内（例えば、3σ以内）にコントロールすることで、品質を確保しています。

管理図は、中心線が引かれ、その上下に管理限界線が引かれます。

中心線（CL）：平均値

上方管理限界線（UCL）：+3σ

下方管理限界線（LCL）：−3σ

個々の製品の測定結果を管理図にプロットしていったとき、正常であればCLを中心としてUCLとLCLの間に収まった状態でプロット位置が上下します。これは、想定の範囲内で生じる偶然のばらつきです。一方で、UCLまたはLCLを超えて外れた場合は、異常原因によるばらつきです。それ以外にも、プロットの中心がCLと明らかにずれているなども、管理の対象となります。

管理図（図5-5-7）

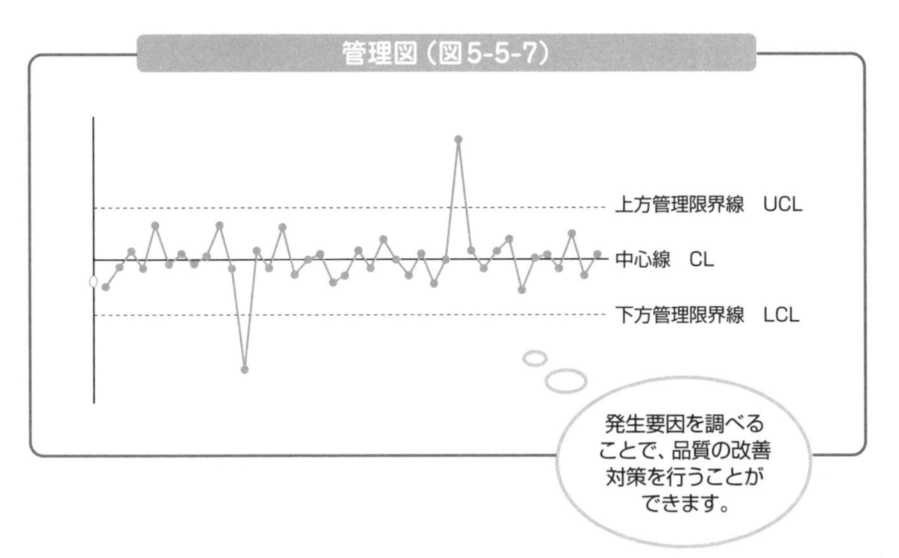

抜取検査

抜取検査とは、検査ロットから無作為に一部を抜取って検査を行い、不適合品の数で検査を行う方式です。検査の際、適合品を不合格としてしまう確率が高いと、生産者にとって不利益になるため**生産者危険**といいます。逆に、不適合品を合格としてしまう確率が高いと、消費者にとって不利益となるため**消費者危険**といいます。

この２つの確率は、抜取検査手順を固定した場合には、トレードオフ（背反）関係になります。そのため、適正な合格基準を設定することが重要です。

機械の最適な状態を維持

定期的な検査とメンテナンスは、高品質な生産の基盤です。最新の技術と手法を取り入れ、常に機械の最適な状態を維持しましょう。

5-6 機械の点検

機械の点検は機械保全の核心的な要素であり、定期的に機械の状態を把握し、潜在的な問題を早期に特定することを目的としています。

日常点検

始業時や稼働中に行う点検を**日常点検**と呼びます。日常点検を行うことで、初期段階での異常の発見、事故などの危険の回避などが期待されます。

日常点検は、異音、臭気、触れた感覚などの五感による点検の他、温度計測、振動計測、電圧計測などの簡単な計測によっても行われます。

定期点検

日常点検の他に、期間を定めて定期的により詳細な点検を行います。点検周期が１か月以上のものが一般的です。定期点検には、以下のような方法があります。

- **稼働中の点検診断**

  簡易測定、簡易診断で行うことができる場合。

- **分解・点検検査**

  設備を休止して行う。

定期的な点検とメンテナンス

機械の継続的な性能は、日々の小さな注意によって保たれます。定期的な点検とメンテナンスが、大きな故障を防ぐ鍵となります。

5-7 工程管理

工程管理は生産活動を効率的かつ円滑に進めることを目的とし、その達成には機械の安定した運用が必要不可欠です。

作業標準書

作業標準書は、その作業を誰がやっても同じ作業結果が得られるように、人の動作、機械操作の手順などを定めたものです。

ガントチャート

ガントチャートとは、横軸に時間や期間をとって、作業内容を縦軸にリストアップして、棒グラフでその進行を示した一覧表のことです。

ガントチャート（図5-7-1）

	4月	5月	6月	7月	8月	9月	10月	11月	12月
工程①	■	■							
工程②			■	■					
工程③					■				
完成検査						■			
試運転							■	■	納品

工程ごとに開始日と完了予定日を帯状に記し、その進捗が一目でわかるようになっています。

PERT法

工程間の前後の関係が影響してくる場合など、複雑な工程の管理には**PERT*法**を用います。PERT法は、各工程の関係をネットワークで図示して、各工程にかかる**日数**、その前後の工程との関係を明示したものです。どの工程に余裕がないか（その工程

＊**PERT**　Program Evaluation and Review Techniqueの略。

の遅れが工期全体日程の遅れにつながるか)、どの工程には時間的余裕があるか、どの工程に、いつ、どのような資材を投入しなければならないかなどの管理がしやすいです。

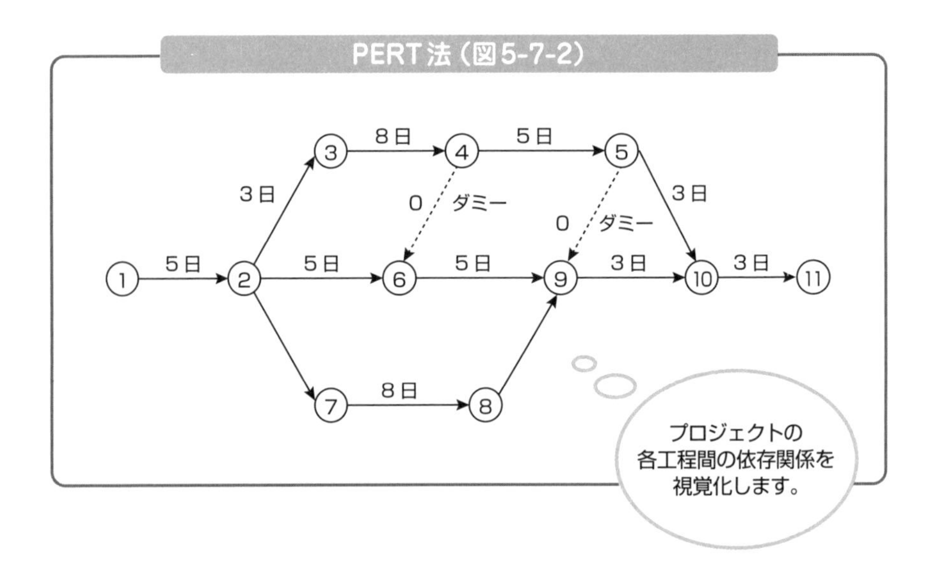

COLUMN メンテナンス作業の安全性

メンテナンス作業の安全性は、作業員の健康と設備の保全にとって極めて重要です。この安全性を確保するためには、厳格な安全基準と継続的な教育が必要とされます。安全対策としては、適切な保護具の着用、危険なエリアへの適切なアクセス制限、危険物質の取り扱いに関する規則などが挙げられます。また、作業員には定期的な安全教育と訓練を施し、彼らが安全意識を持ち続けることが重要です。メンテナンス作業では、事前にリスク評価を行い、可能なリスクを特定し対策を講じることが必要です。これには、機械や設備の適切なロックアウト・タグアウト手順の実施や、電気や化学物質などの危険に対する特別な注意が含まれます。また、最新の技術を活用して、例えば、ドローンやロボットを使って人が容易にアクセスできない、または危険な場所での作業を代替させることも有効な手段です。安全なメンテナンス作業のためには、作業員、管理者、安全担当者の間での密なコミュニケーションが不可欠です。これにより、安全に関する懸念や問題が迅速に共有され、適切に対処されます。安全なメンテナンス作業は単なる手順の遵守以上のものであり、組織全体の文化として根付くべきです。これは、作業員の安全はもちろんのこと、全体的な生産性と効率性にも寄与します。

試験対策問題

問1

事後保全は、計画的に設備を停止して、分解・点検・整備をする保全方式である。

解答：誤り

解説：事後保全は、故障が起きたあとに保全を行う保全方法です。計画的に設備を停止して分解、点検、整備などを行うのは、予防保全の中の定期保全や予知保全に該当します。

問2

故障メカニズムとは、断線、折損など故障に至る過程のことである。

解答：正しい

解説：設問のとおりです。故障に至るまでに、物理的、化学的、機械的、電気的、人間的等の要因としてどのような過程をたどってきたかの仕組みを故障メカニズムと呼びます。つまり、故障に至った過程を指します。

問3

バスタブ曲線は、設備の運転時間と生産量の関係を表すグラフである。

解答：誤り

解説：バスタブ曲線は、横軸に使用時間をとって、縦軸に故障率をとって、時間と共に故障率がどのように推移するかを表した曲線で、故障率曲線とも呼ばれます。一般的にはバスタブ形状の曲線になることから、バスタブ曲線と呼ばれています。

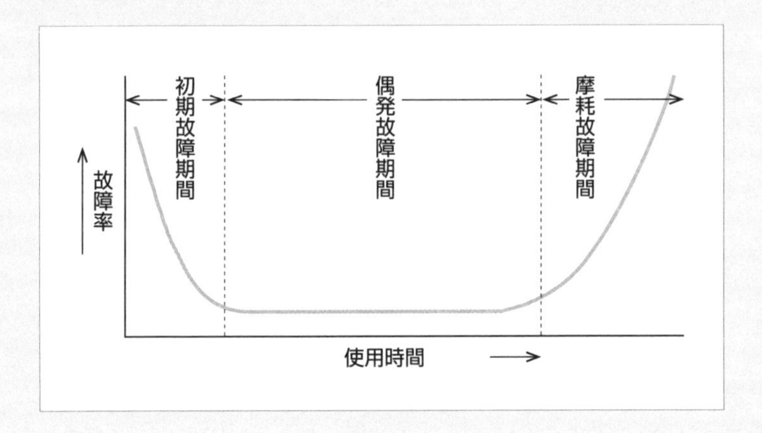

問4

なぜなぜ分析は、発生した現象を起点として、その現象がなぜ起きたのかを繰り返し調査していくことで、対策を立てる手法である。

解答：正しい

解説：設問のとおりです。なぜなぜ分析とは、「なぜ?」「なぜ?」という問いかけを繰り返すことで根本的な原因を探る分析手法 です。

(例) 機械が停止した ―なぜ?➡機械のベアリングが焼き付いた ―なぜ?➡ベアリングへの潤滑が不十分であった ―なぜ?➡ベアリングの点検とグリースアップが適正になされていなかった ―なぜ?➡点検項目から抜けていた ➡【対策】ベアリングの点検整備項目をマニュアル化し，その実施チェックリストを設けて管理することとする。

問5

下図に示すグラフは、散布図である。

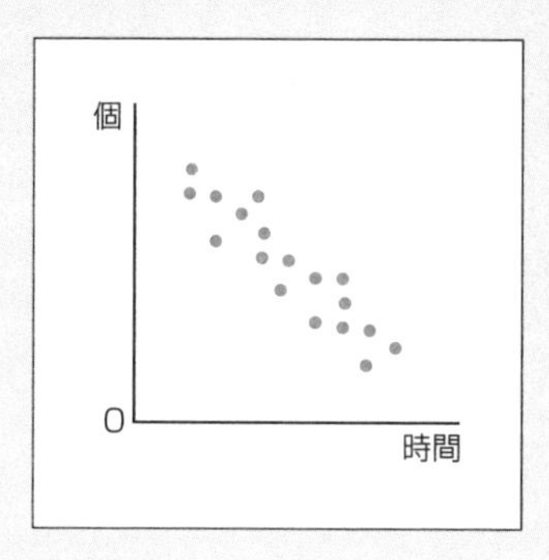

解答：正しい

解説：設問のとおりです。散布図とは、2種類の項目を縦軸と横軸にとって、その関係をプロットしたグラフです。このグラフから、2つの項目の間には、どんな関係（相関関係）があるのか、あるいは関係がないのかを知ることができます。問題文の図の例では、時間が経つほど個数が小さくなることを示していますので、個数と時間とには負の相関があるといえます。

問6

作業標準書とは、作業者が作業にかかった時間を、作業のたびに記入するものである。

解答：誤り

解説：作業標準書は、その作業を誰がやっても同じ作業結果が得られるように、人の動作、機械操作の手順などを定めたものです。

問7

故障モードの例として、給油や増締めなどが挙げられる。

解答：誤り

解説：故障モードとは、ある故障メカニズムによって発生した故障の状態を分類したものです。例えば、「劣化」「腐食」「摩耗」「折損」「短絡」「変形」「クラック」などのように分類されます。給油や増締めは、故障ではありませんので、故障モードとはいいません。

問8

二次故障は、他の設備の故障などによって、間接的に引き起こされた故障である。

解答：正しい

解説：二次故障とは、他の部分の故障を起因として発生する故障のことを指します。例えば、装置の温度上昇を防ぐための冷却装置の故障により、焼き付きが生じたとします。この場合、冷却装置の故障がなければ焼き付きは起こらないため、焼き付きは二次故障にあたります。

問9

設備履歴簿には、設備の故障の内容や、修理に要した費用などの記録を残す。

解答：正しい

解説：設問のとおりです。機械設備などについて、設備の導入から現在に至るまでの履歴（仕様、購入額、故障歴、点検修理の内容や費用など）を記録したものを設備履歴簿と呼びます。

問10

品質管理において、下記に示す図は、特性要因図である。

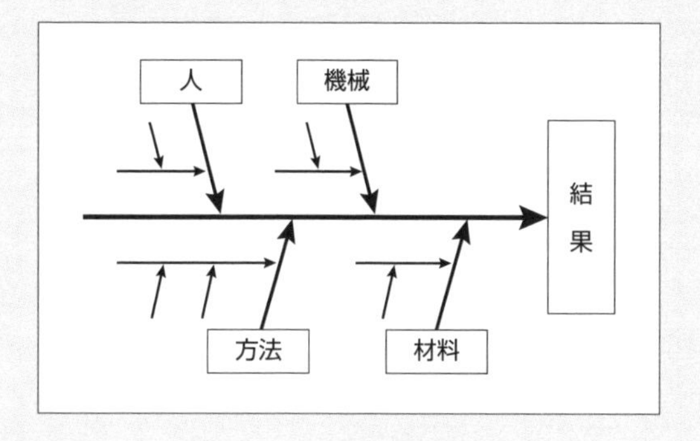

解答：正しい

解説：この図は、特定の結果に対してその原因となるものの関係を系統的に表したもので、特性要因図と呼ばれます。なお、魚の骨の形に似ていることから、フィッシュボーンチャートとも呼ばれます。

問11

正規分布の形は、中心線の左右で面積の等しい長方形である。

解答：誤り

解説：正規分布は、中心線の左右で面積が等しい左右対称の分布形状をしていますが、その分布形状は長方形ではなく釣り鐘型です。

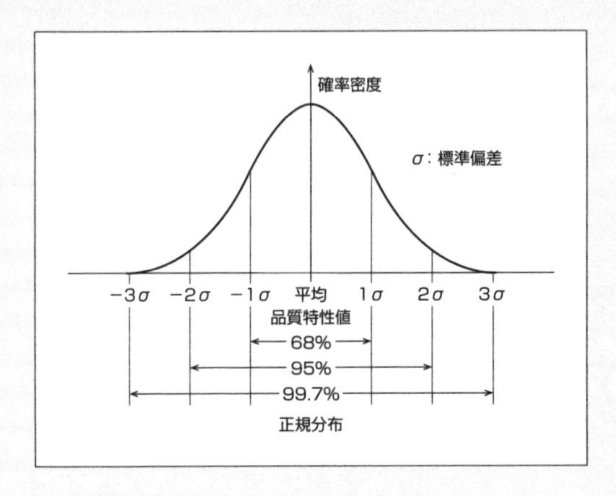

問12

予防保全には、劣化を防ぐ活動、劣化を測定する活動、劣化を回復する活動の３つがある。

解答：正しい

解説：予防保全とは、設備が壊れる前に保全を行うことを指します。その活動は、測定、点検、整備、修繕などであり、設問に示されるように、劣化を防ぐ活動、劣化を測定する活動、劣化を回復する活動の３つに大別できます。

問13

パレート図は、設備故障の低減活動の優先付けをするときなどに用いる。

解答：正しい

解説：データを項目別に分類して、それが大きい順に並べた図をパレート図と呼びます。例えば、設備の不具合の種類と不具合の件数をパレート図で表すと、原因や現象などの分類、項目別に重点項目が一目でわかります。そのため、故障の低減活動の優先付けを行うのに有効です。

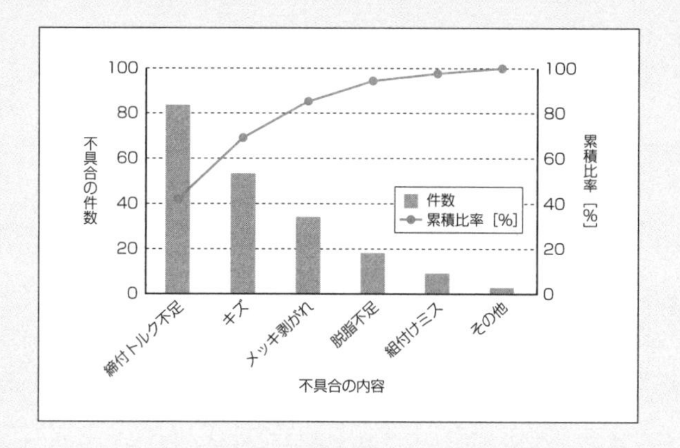

問14

システムや設備に異常が発生した場合でも、事故や災害に繋がらないように安全性が確保されるように配慮された設計をフール・プルーフ設計といいます。

解答：誤り

解説：設問の記述は、フェール・セーフ設計の説明です。

問15

システムの誤操作を避けるように設計したり、あるいは人が機械やシステムの操作や取扱い方法を誤った際に、誤作動を防ぎ故障をしないように設計することをフェール・セーフ設計と呼ぶ。

解答：誤り

解説：設問の記述は、フール・プルーフ設計の説明です。

問16

ガントチャートとは、横軸に時間や期間をとって、作業内容を縦軸にリストアップして、棒グラフでその進行を示した一覧表である。

解答：正しい

解説：設問のとおりです。ガントチャートでは、工程ごとに開始日と完了予定日を帯状に記し、その進捗が一目でわかるようになっています。

▼ガントチャート

	4月	5月	6月	7月	8月	9月	10月	11月	12月
工程①									
工程②									
工程③									
完成検査									
試運転									納品

問17

PERT法は、各工程の関係をネットワークで図示して、各工程にかかる日数、その前後の工程との関係を示す手法である。

解答：正しい

解説：設問のとおりです。PERT法を用いることで、どの工程に余裕がないか（その工程の遅れが工期全体日程の遅れにつながるか）、どの工程には時間的余裕があるか、どの工程に、いつ、どのような資材を投入しなければならないかなどの管理が容易になります。

Chapter 6

材料の基礎

機械設備は、様々な材料でできています。その中でも最も基本となる材料は、金属系の材料です。

材料の基本となる、鉄鋼材料と非鉄金属材料の概要を学びましょう。

6-1 金属材料と非鉄金属材料

金属材料の中で、鉄が主成分の材料を金属材料と呼び、鉄以外の金属が主成分の材料を非鉄金属材料と呼びます。

金属と非鉄金属

機械設備などに用いられる主要な材料（工業材料）の分類を図5-1-1に示します。工業材料は、大きく分けると「**金属**材料」と「**非金属**材料」と「特殊材料」に分類されます。さらに、金属材料は、「**鉄鋼**材料」と「**非鉄金属**材料」に分けられます。非鉄金属材料には、アルミニウム、銅、マグネシウム、鉛、亜鉛、ニッケル、チタンなど様々なものがあります。

非金属材料は、「**無機**材料」と「**高分子**材料」に分けられます。無機材料の代表例は、ガラスやセラミックスです。高分子材料の代表例は、プラスチックです。

それ以外の材料として特殊材料があります。特殊材料には、機能材料や複合材料などがあります。

主な工業材料の分類（図6-1-1）

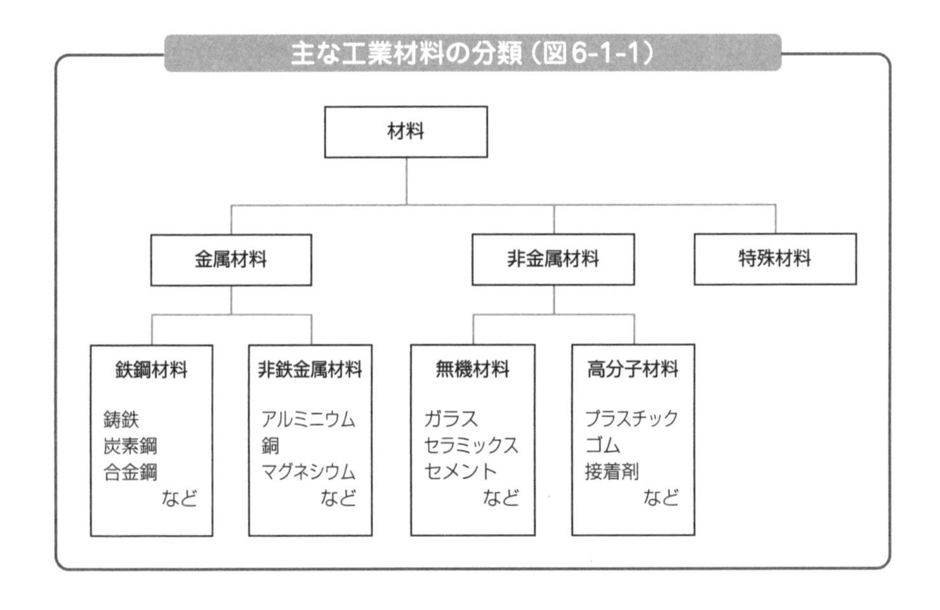

代表的な金属の性質比較

金属の大まかな特徴を把握しておくことは保全を行ううえで有効です。以下に金属の代表的な性質として、比重、融点、熱伝導率、電気抵抗率を比較します。

• 比重 *

比重は、金属の密度を標準状態での水の密度（1000 kg/m^3）で割ったものです。以下に、代表的な金属を比重が高い順（重い順）に並べます。ここで、カッコ内の数値が比重です。

金（19.30）＞タングステン（19.25）＞銀（10.49）＞銅（8.88）＞鉄（7.87）＞アルミニウム（2.67）

• 融点 [K] *

融点を高い順に並べます。温度の単位は絶対温度K（**ケルビン**）で示します。セ氏温度に273を足したものが絶対温度です（例：0℃=273K、27℃=300K）。

タングステン（3683 K）＞鉄（1809 K）＞銅（1356 K）＞金（1336 K）＞銀（1234）＞アルミニウム（933 K）

• 熱伝導率 [W/（m・K）]（300Kにおける） *

熱伝導率は、物体中の熱の伝え易さを表します。

以下に示すように、鉄とステンレスはいずれも鉄が主成分の材料ですが、Crなどの含有量が高いステンレスでは、熱伝導率が大幅に低下します。

銀（427）＞銅（398）＞金（315）＞アルミニウム（237）＞タングステン（178）＞鉄（80.3）＞ステンレス鋼 [SUS 304]（16.0）

• 電気抵抗率 [Ω・m] *

電気抵抗率は、電気の通しにくさを表します。

鉄（9.71×10^{-8}）＞タングステン（5.65×10^{-8}）＞アルミニウム（2.65×10^{-8}）＞金（2.35×10^{-8}）＞銅（1.69×10^{-8}）＞銀（1.59×10^{-8}）

* **比重、融点 [K]、熱伝導率 [W/（m・K）]（300kにおける）、電気抵抗率 [Ω・m]** は、日本機械学（編）、『機械実用便覧』（改訂第7版）より。ただし、数値は温度などにより変化するため参考値。

6-2 鉄鋼材料

鉄鋼材料は、その耐久性、強度、加工のしやすさから、建設、自動車、重工業など幅広い分野で広く使用される材料です。

鉄鋼の種類

鉄鋼材料は、その構成成分によって次のように分類されます。

1. **純鉄**　：炭素（C）の含有量が0.006〜0.035%の鉄
2. **炭素鋼**：炭素を0.035〜2.1%含む、鉄と炭素の合金
3. **鋳鉄**　：炭素の含有量が2.1%〜4.3%である鉄と炭素の合金
4. **合金鋼**：炭素鋼に対して、1種類以上の合金元素（ニッケル、マンガン、クロム、他）を加えることで、その材料の性質を改良したもの

純鉄

純鉄は、高磁束密度、高透磁率、低保磁力など、電磁気的な性質に優れるため、モーターの鉄心、電磁石、磁気シールドなど、電気機器の材料として用いられます。一方で、機械的強度が低く柔らかいため、構造材料には適しません。

鋳鉄

鋳鉄は、炭素含有量が多く、鉄（Fe）の組織の中に炭素成分として微細な黒鉛や炭化物が分散して存在します。これらの組織構造の違いなどによって、ねずみ鋳鉄（普通鋳鉄）、白鋳鉄、ダクタイル鋳鉄、可能鍛鋳鉄などに分類されます。

ねずみ鋳鉄：ねずみ鋳鉄は標準の鋳鉄で、比較的軟らかく、破面が灰色です。その強度は100〜250 N/mm^{2}程度です。ねずみ鋳鉄は、その引張強さによって、以下のように示されます。（JIS G 5501）

200は最低引張強さが
200 N/mm²
(200 MPa) である
ことを意味します。

ねずみ鋳鉄の特徴を以下に記します。

・引張強度は炭素鋼よりも低くい。
・弾性係数が炭素鋼よりも低い。
・圧縮強さが引張強さの3～4倍程度ある。そのため、主に圧縮方向の力を受けるように設計される。
・振動を吸収する性質がある。
・熱伝導率が炭素鋼よりも高く、熱を通しやすい。

• ダクタイル鋳鉄(球状黒鉛鋳鉄)

ダクタイル鋳鉄は、黒鉛が球状で存在することで強度が高い鋳鉄です。ダクタイル鋳鉄は、引張強さ400～800 N/mm^2程度の強度があります。ダクタイル鋳鉄は、FCに加えてD(Ductile)をつけてFCDの材料記号で表されます。

[例]

FCD400:最低引張強さが400 MPaのダクタイル鋳鉄

• 可鍛鋳鉄

ねずみ鋳鉄は炭素Cが黒鉛になっていますが、炭素が鉄との化合物(セメンタイト)として存在するものを**白鋳鉄**と呼びます。白鋳鉄に熱処理を施すと、叩いても壊れずに変形する性質を示します。これを**可鍛造鋳鉄**と呼びます。

6-3 炭素鋼

炭素鋼は、一般に炭素Cの含有量が増えるにつれて強度が増す一方で脆くなります。また、炭素含有量が増えると、比重、線膨張係数が低下し、比熱、電気比抵抗は増加します。

炭素鋼の性質

・SS材（一般構造用圧延鋼材）

一般構造用圧延鋼材は、**SS＊材**とも呼ばれ、炭素含有量があまり多くない炭素鋼です。炭素含有量が少ないため、強度は高くないが、溶接性がよく、コストが低く、加工性にも優れるため広く用いられています。炭素含有量が低いため、熱処理をしても強度はあまり高くなりません。

SS材は、一般構造用圧延鋼材であることを示す記号SSのあとに最低引張強さを記して、以下のように表示されます（JIS G 3101）。

最低引張強さ
400 N/mm²（=400 MPa）の一般構造用圧延鋼材であることを意味します。

＊**SS**　Steel Structureの略。

- **機械構造用炭素鋼鋼材**

機械構造用炭素鋼鋼材は、SS材よりも炭素含有量が多いため、強度が高くなります。また、熱処理を施すことで、その機械的性質が変化します。

機械構造用炭素鋼鋼材は、S○○Cのように示されます。○○の部分には、炭素含有量に対応した数値が入ります（JIS G 4051）。

例として、S25Cは以下の意味を持ちます。

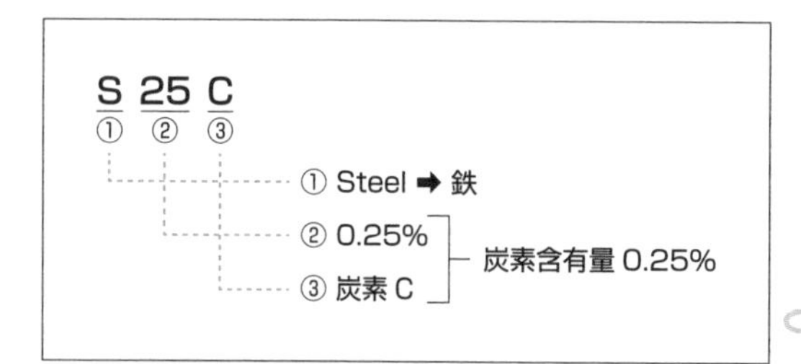

S25Cとは、
炭素含有量0.25%の
機械構造用炭素鋼鋼材
であることを
意味します。

最初の①の記号は材質であるSteelを表すSですが、そのあとに炭素の含有量を表す2桁の数字（百分率で表した炭素含有量の数値を100倍したもの）と炭素の記号Cが付きます。

炭素含有量が高いほど、強度が増し（延性が低下する）、そのぶん脆くなります（じん性が低下する）。

機械構造用炭素鋼鋼材は、軸、ピン、ボルトなど、強度が求められる部分に使用されます。特に、S45C（炭素含有量0.45%）やS50C（炭素含有量0.50%）などの炭素含有量が多いものは、熱処理を行うことで高強度のものが得られます。一方で、溶接を行うと冷却時にひび割れを起こすなどのリスクがあるため、溶接を行う部材にはSS材を用います。

6-4 合金鋼

合金鋼は、特定の特性を向上させるために、鉄と炭素に加えてニッケル、クロム、マンガンなどの他の元素を加えた鋼の一種です。耐摩耗性、耐熱性、硬度、耐食性などの特性が改善され、特定の要求に適応した材料となります。

合金鋼とは

炭素鋼に対してニッケル (Ni)、マンガン (Mn)、クロム (Cr)、モリブデン (Mo)、タングステン (W) などの合金全素を加えることで、性質を改善したものを**合金鋼**と呼びます。表6-4-1に各合金元素が持つ基本的な効果を、表6-4-2には主な合金銅の特徴を示します。

▼添加する元素とその特徴 (表6-4-1)

添加元素	特徴
ニッケル (Ni)	鋼の結晶粒を微細化することでじん性 (粘り強さ) を増加させる。また、低温での脆性 (脆さ) を防ぐ効果がある。
マンガン (Mn)	焼入れ性を向上させ、じん性を損なわずに強度を高める効果がある。硫黄 (S) との結合力が強いため、Sと結合することで被削性を増し、赤熱脆性を防止する効果がある。
クロム (Cr)	焼入れ性、焼戻し抵抗、耐食性、耐候性、耐酸化性を向上させるなど、様々な効果を得ることができる。安定した炭化物をつくりやすいため、浸炭を促進する効果がある。
タングステン (W)	炭化物を生成することで、硬さが増す。焼入れ適性温度が広く、高温での強度も増す。
モリブデン (Mo)	焼入れ性、焼戻し抵抗を向上させる。
バナジウム (V)	結晶粒を微細化し、じん性を向上させる効果を持つ。また、焼戻し抵抗も増大するため、機械的性質が向上する。添加量が多すぎると、焼入れ性がかえって悪くなる。

▼主な合金鋼（表6-4-2）

材質	特徴
ニッケル鋼	ニッケル鋼は、Niの含有量が5%以下で、炭素含有量が0.1～0.4%のパーライト鋼。炭素鋼に比べてじん性、耐摩耗性、耐食性に優れている。
クロム鋼（SCr）	クロム鋼は、Crの含有量が2%以下で、炭素含有量が0.1～0.5%のパーライト鋼。焼きなまし状態では、機械的性質は炭素鋼とあまり変わらないが、焼入れおよび焼戻しを行うことでじん性が向上する。これは、Crが炭化物をつくることで硬さが増し、耐摩耗性を増大させるためである。主に、強度、じん性、耐摩耗性が求められる軸類、歯車、ピン・キー類、ボルト・ナットなどに用いられる。
ニッケル・クロム鋼（SNC）	ニッケル・クロム（Ni-Cr）鋼は、Niの長所であるじん性とCrの長所である焼入れ性を組み合わせた特徴がある。じん性が高く、熱処理による効果が高く、耐熱性、耐摩耗性、耐食性に優れている。主に、強度、じん性、耐熱性、耐食性が求められるボルト・ナット類やエンジンのクランク軸、歯車、軸類などに用いられる。SNCは、高温で長時間加熱しても結晶粒が粗大化しにくいため、焼入れおよび焼戻しを行うことでその性質が著しく向上する。 ・焼入れは、通常1093 K（820℃）～1153 K（880℃）で行う。 ・焼戻しは、823 K（550℃）～923 K（650℃）で行い、その後、水中または油中で急冷を行う。
クロム・モリブデン鋼（SCM）	クロム・モリブデン（Cr-Mo）鋼は、Cr鋼に対して0.15～0.35%のモリブデン（Mo）を加えたものであり、強じん鋼および浸炭鋼として用いられる。クロム鋼に比べて、焼きなましにより軟化しやすくなる傾向にあり、加工や溶接性に優れている。主に、強度、じん性、耐摩耗性が求められる軸類、歯車、ピン・キー類、ボルト・ナットなどに用いられる。
ニッケル・クロム・モリブデン鋼（SNCM）	ニッケル・クロム・モリブデン（Ni-Cr-Mo）鋼は、ニッケル・クロム鋼に対して0.1%以下のモリブデン（Mo）を加えたものであり、強じん鋼および浸炭鋼として用いる。機械構造用炭素鋼の中でも機械的性質に優れている。強度、じん性、耐摩耗性が求められる大型の軸類、歯車、クランク軸、タービンブレードなどに用いられる。

6-5 工具鋼

工具鋼（Tool Steel）は、金属や非金属材料の切削、加工などを行うための工具、治具、金型などに用いられる鋼です。

工具鋼とは

金属などを加工するために用いられるため、硬さや耐摩耗性が要求されます。日本産業規格（JIS）において、**炭素工具鋼、合金工具鋼、高速度工具鋼**の３種が規定されています。工具鋼の分類（抜粋）と、JISによる記号、主な用途を表6-5-1に示します。

▼工具鋼の種類（抜粋）と主な用途（表6-5-1）

分類	種類の記号		用途の例
炭素工具鋼 JIS G 4401	SK140		紙やすり、刃やすり
	SK120		ドリル、小形ポンチ、かみそり、鉄鋼やすり、刃物
	SK90		プレス型、ぜんまい、ゲージ、針
	SK80		刻印、プレス、ゼンマイ
	SK60		刻印、スナップ、プレス型
合金工具鋼 JIS G 4404	切削工具鋼用	SKS11	バイト、冷間引抜ダイス、センタドリル
		SKS21	タップ、ドリル、カッタ、プレス型ねじ切ダイス
		SKS51	丸のこ、帯のこ
		SKS58	刃やすり、組やすり
	耐衝撃工具鋼用	SKS41	たがね、ポンチ、シャー刃
		SKS44	たがね、ヘッディングダイス
	冷間金型用	SKS3	ゲージ、シャー刃、プレス型、ねじ切ダイス
		SKS93	シャー刃、ゲージ、プレス型
		SKD11	ゲージ、ねじ転造ダイス、金属刃物、ホーミンググロール、プレス型
	熱間金型用	SKD61	プレス型、ダイカスト型、押出工具、シャーブレード
		SKD8	プレス型、ダイカスト型、押出工具
		SKT4	鍛造型、プレス型、押出工具

高速度工具鋼 JIS G 4403	タングステン系 ハイス	SKH2	一般切削用、その他各種工具
		SKH10	難削材切削用、その他各種工具
	粉末冶金で製造した モリブデン系ハイス	SKH40	硬さ、じん性、耐衝撃性を必要する一般切削用、その他各種工具
	モリブデン系 ハイス	SKH51	じん性を必要とする一般切削用、その他各種工具
		SKH55	比較的じん性を必要とする高速重切削用、その他各種工具
		SKH57	高難削材切削用、その他各種工具
		SKH59	比較的じん性を必要とする高速重切削用、その他各種工具

炭素工具鋼（SK）

炭素工具鋼は、安価で取り扱いやすいため、高い性能を必要としない工具に用いられます。例えば、低炭素のものはぜんまい、たがね、刻印などに用いられ、高炭素のものはやすりなどに用いられます。炭素工具鋼は、熱に弱く、焼入れ性が悪いため、高温で使用するのには向きません。そこで、それらの性能を改善したものとして、次に示す**合金工具鋼**があります。炭素工具鋼はJISではSK○○のように表されますが、ここでのSKは、Steel Kogu（工具）の意味です。

合金工具鋼（SKS、SKD、SKT）

炭素工具鋼は焼入れ性が低く、大量の摩擦熱が発生する高速切削には向きません。これに対して合金工具鋼は、炭素工具鋼にクロムCr、タングステンW、モリブデンMo、バナジウムV、ニッケルNiなどを添加して高温に耐えられるようにしたものです。切削工具用、耐衝撃工具用、冷間金型用、熱間金型用に大別されます。

高速度工具鋼（SKH）

高速度工具鋼は、炭素含有量0.73～1.6%の炭素鋼に対して、タングステンW、クロムCr、コバルトCo、バナジウムVなどを添加し、高温に耐えられるようにしたものです。多量の熱が発生する高速切削時には、工具刃先の温度が上昇し、工具が軟化して切れ味が低下しますが、ハイスは高温でも軟化しにくいため、硬さを維持して切れ味を確保することができます。

高速度工具鋼はJISではSKH○○のように表されます。SKは、Steel Kogu（工具）の意味でしたが、それに加えてHが高速度（High-Speed）を意味します。

工具鋼を用いた旋削加工（図6-5-1）

ハイスピード工具鋼の最初の文字をとって通称「**ハイス**」とも呼ばれます。

写真提供：日本大学理工学部工作技術センター

6-6 ステンレス鋼

優れた耐食性と美しい外観から、建築、自動車、食品加工、医療機器など多様な分野で広く用いられる合金鋼です。この耐食性は、鉄にクロムやニッケルなどの合金元素を加えることで、優れた性能を発揮します。

ステンレス鋼の特徴

鉄鋼材料の欠点は、水分、塩分、薬品などによって腐食して錆びることです。鉄に腐食効果があるクロムCrを添加すると、表面に薄いCrの酸化被膜が形成され、大気中ではほとんど錆びなくなります。一般に、Crの含有量が12％以上のものを**ステンレス鋼**と呼びます。

ステンレス鋼は、合金元素によって、Cr系とCr-Ni系に分けられます。また、金属組織の形態から、フェライト系、マルテンサイト系、オーステナイト系、析出硬化系に分けられます。ステンレス鋼の分類を表6-6-1に示します。

▼ステンレス鋼の分類（表6-6-1）

JIS番号	材料名	分類	材料記号の例	説明	磁性
G4303	ステンレス鋼棒	オーステナイト系	SUS303 SUS304	耐食効果があるクロムCrを鉄に添加することで、Crの酸化被膜が保護膜となり、大気中ではほとんど腐食しない。耐食性があって美観にも優れるため、医療器具、食品器具、化学器具、機械装置、一般用など広く用いられる。	×なし
		フェライト系	SUS405 SUS430		○あり
		マルテンサイト系	SUS403 SUS410		○あり
		オーステナイト・フェライト系	SUS329J1		○あり
		析出硬化系	SUS630 SUS631		○あり

6-7 鋳鉄

2.06～6.67%の炭素を含む鉄と炭素の合金を鋳鉄と呼びます。一般には、炭素量2.0～4.0%程度のものが用いられます。

基本的な性質

ねずみ鋳鉄（**普通鋳鉄**）の特徴を以下にまとめます。

①弾性係数（ヤング率）が炭素鋼よりも低い。
②圧縮強さが引張強さの３～４倍程度あり、圧縮に強い。
③熱伝導率が鋼よりも高く、熱を伝達しやすい。
④鋼に比べて、振動の吸収性に優れる。
⑤耐摩耗性に優れる。

普通鋳鉄は、以上のような特徴を有し、工作機械のベッドやフレーム、軸受、歯車、シリンダ、ピストンリング、ブレーキなどに用いられます。

鋳造品の例として、図6-7-1にエンジンのカムシャフトを示します。この品物は、鋳鉄でできています。

鋳造品の例（エンジンのカムシャフト）（図6-7-1）

鋳造で外形を
成形した後、切削加工で
カム、歯車、ジャーナル
部分の加工が
施されています。

6-8 非鉄金属材料

アルミニウムとその合金は、軽量でありながら強度が高く、耐食性に優れるため、航空宇宙、自動車、建設、包装産業など多岐にわたる分野で広く利用されています。

アルミニウムとその合金

アルミニウムAlは、比重が2.7であり、鉄の比重7.9に比べて3分の1程度と軽く、空気中での耐食性に優れます（空気中で酸化して表面に不働態の酸化膜が形成されるため）。熱と電気の伝導性も銅に次いで高いため、様々な用途に用いられます。

アルミニウムおよびその合金材料の例を表6-8-1に示します。

▼アルミニウムおよびその合金の分類（表6-8-1）

JIS番号	材料名	材料記号の例	分類	説明	用途
H4000	アルミニウムおよびアルミニウム合金の板および条	A1080 A1070	純アルミニウム	純度99.00%以上のもの。強度が低い。	日用品、導電材、容器など
		A2014 A2017 A2024	Al-Cu系合金， Al-Cu-Mg系合金	熱処理合金であり、強度が高く切削加工性もよい。A2017はジュラルミン、A2024は超ジュラルミン	航空機用材、各種構造材
		A3003 A3004	Al-Mn系合金	Mnを添加することで1000系（純アルミニウム）よりも強い。	飲料缶、建築用材など
		A5005 A5052	Al-Mg系合金	耐食性が高く、加工、溶接もしやすい。	建築用材、車両内外装材
		A6061 A6063	Al-Mg-Si-(Cu)系合金	熱処理合金であり強度が高い。A6061はCuを添加してさらに強度が高い。	構造用材、クレーン
		A7075	Al-Zn-Mg-(Cu)系合金	アルミニウム合金の中で最も強度が高い。A7075は超々ジュラルミンとも呼ばれる。	航空機用材、強度部材、スポーツ用品

銅およびその合金

•銅の性質

銅の特徴を以下に記します。

①電気の伝導性が銀に次いで高く、電線の多くに用いられている。
②熱伝導率も銀に次いで高く、熱を通しやすいため熱交換器などに用いられる。
③結晶構造が面心立方格子のため、展延性に富み、加工性がよい。

•純銅

純銅には、「無酸素銅」、「タフピッチ銅」、「リン脱酸銅」があります。

無酸素銅：純度99.96%以上のものを**無酸素銅**と呼びます。
タフピッチ銅：酸素を0.03%～0.06%程度残した純銅を**タフピッチ銅**と呼びます。電気、熱の伝導性に優れ、展延性、耐食性共に良好のため、電線などの電気機器用に使用されています。
リン脱酸銅：リンを用いて脱酸素を行ったもので、酸素を含まない代わりに微量のリンPが含まれるため、電気伝導性がやや落ちます。銅および銅合金の例を表6-8-2に示します。

▼銅および銅合金の分類（表6-8-2）

JIS番号	材料名	材料記号の例	名称	説明	用途
H3100	銅および銅合金の板および条	C1020	無酸素銅	電気・熱の伝導性が高く、加工性もよい。	電気、化学工業用
		C1100	タフピッチ銅	上記C1020の特性に加えて、耐候性がよい。	電気、ガスケット、一般器物
		C1201 他	リン脱酸銅	上記に比べてさらに電気伝導性が高い。	化学工業用、ガスケット
		C2100 他	丹銅	美しい光沢を持ち、加工性が高い。	建築用材、装身具など
		C2600 他	黄銅	加工性、メッキ性がよい。	深絞り用、端子など
		C3560 他	快削黄銅	特に非削性に優れ、打抜き性も高い。	歯車、時計部品など

H3100	銅および銅合金の板及び条	C4250他	すず入り黄銅	耐摩耗性、バネ性がよい。	ばね、スイッチ、リレーなど
		C6161他	アルミニウム青銅	高強度、耐海水性、耐摩耗性。	機械部品、船舶部品など
		C7060他	白銅	耐食性、耐海水性、耐熱性。	熱交換器など

黄銅（**Cu-Zn系合金**）：銅と亜鉛の合金を**黄銅**または**真鍮**（Brass）と呼びます。展延性、耐食性に優れます。銅70%、亜鉛Zn30%の黄銅を**7・3黄銅**と呼び、強度や展延性に優れ、深絞り加工も可能なため、複雑な加工を施すことが可能です。自動車ラジエータタンクや電球のソケット、薬きょうなどに用いられます。Znが40%のものを**6・4黄銅**と呼び、強度はさらに高くなりますが常温での加工が難しいため、鍛造や熱間加工で用いられます。

青銅（**Cu-Sn系合金**）：銅とすずの合金を**青銅**（Bronze）と呼びます。青銅は、耐食性、耐摩耗性があり、強度も黄銅よりも優れ、鍛造性もよいため、貨幣（10円硬貨）、工芸品などの鍛造用合金として用いられます。かつては大砲をつくるのに用いられていたため、**砲金**とも呼ばれます。

リン青銅：青銅にリン（P）を脱酸剤として用いて、そのリンを少量（0.03～0.5%）残したものを**リン青銅**と呼びます。**リン青銅**には鋳物用と加工材があります。鋳物用のリン青銅は耐食性、耐摩耗性に優れ、歯車、軸受、ブッシュ、スリーブなどの摺動部品に用いられています。加工材のリン青銅は、展延性、耐食性、耐疲労性に優れ、スイッチ、コネクタなどに用いられています。

機械の性能は材料に依存

機械の性能は、使用される材料に大きく依存します。異なる材料の特性を理解し、適切な用途に合わせて選択することが重要です。

6-9 熱処理

鋼を熱したり冷やしたりすることによって、金属組織を変化させ、機械的性質を改良することを熱処理と呼びます。

熱処理とは

加熱の仕方、冷却の仕方などの熱操作の違いによって、次のように分類されます。

・焼ならし

鋼を一定の温度まで加熱後、一定時間保持したのち空冷することを**焼きならし**と呼びます。この操作によって、金属組織の均一化、微細化が行われます。鍛造や圧延などによって加工された金属の結晶は、組織が不均一となっており、機械的性質にムラが生じるなどの悪影響があります。焼きならしを行うことで、金属組織が均一化し、結晶粒が微細化し、機械的性質が改善します。

・焼きなまし

鋼を一定の温度まで加熱後、一定時間保持したのち、炉の中で徐冷（徐々に冷やす）することを**焼きなまし**と呼びます。これにより、鋼の内部応力の除去、加工硬化（加工によって硬くなること）した鋼の軟化、被削性の向上、組織の改良などが図られます。焼きなましは、加熱温度や加熱時間などの違いにより、「**完全焼きなまし**」、「**応力除去焼きなまし**」、「**球状化焼きなまし**」に大別されます。

・焼入れ

鋼を**オーステナイト**と呼ばれる状態になるまで加熱したあと、水や油などで急冷することを**焼入れ**と呼びます。焼入れを行うことで、鋼の硬さが増します。**オーステナイト**を急冷するため、変態を行う十分な時間が与えられないため、**パーライト**と呼ばれる適度な強度と延性を持つ組織ではなく、**マルテンサイト**と呼ばれる非常に硬くて脆い組織になります。

• **焼戻し**

焼入れまたは焼きならしをした鋼を再加熱して、一定時間保持したあと冷却することを**焼戻し**と呼びます。焼入れをした鋼は硬くて脆く、内部応力も大きい状態です。焼戻しを行うことで、じん性が増して脆さが軽減されます。

表面硬化

焼入れは、部品全体を硬くする操作です。それに対して、**表面硬化**は、表面のみを硬くすることで、内部はじん性や耐衝撃性を持たせることができる方法です。

• **高周波焼入れ**

高周波焼入れは、鋼材にコイルを巻くなどして、鋼材の表面だけを急加熱して熱処理を行う方法です。これにより、表面のみを硬くし、内部にはじん性を持たせることができます。コイルに流す電流の時間によって、焼入れの深さを調整することができ、大量生産にも向いています。

• **浸炭**

浸炭は、炭素量0.2%以下の低炭素鋼を浸炭材に浸けて加熱をすることで、鋼の表面から炭素を浸透させる方法です。表面付近の炭素含有量が増すため、表面が硬くなります。

• **窒化**

窒化は、焼入れ、焼戻しを行った鋼に対して、表面に窒素を浸透させることで表面を硬くする処理を指します。

• **火炎焼入れ**

酸素・アセチレン炎を用いて高周波焼入れと同様の鋼材の表面だけを加熱し、表面がオーステナイト組織になった後に水冷し、表面を焼入れする方法です。

• **ショットピーニング**

直径1mm前後の**鋼球**を金属の表面に高速で噴射して打ち付けることで、表面を加工硬化させる方法を**ショットピーニング**と呼びます。焼入れとは異なり冷間加工であることが特徴です。

試験対策問題

問1

純鉄は、機械的強度に優れるため、構造物に用いる場合には炭素鋼よりも純鉄の方がよい。

解答：誤り

解説：純鉄は、電磁気的な性質に優れるため、モーターの鉄心、電磁石、磁気シールドなど、電気機器の材料として用いられます。一方で、機械的強度が低く柔らかいため、構造材料には適しません。構造用として使う場合には、純鉄ではなく機械構造用炭素鋼鋼材（炭素鋼）などを用い、純鉄を用いることはありません。

問2

鉄と炭素の合金で、炭素含有量が0.035～2.1％程度のものを合金鋼と呼ぶ。

解答：誤り

解説：これは、炭素鋼の説明です。合金鋼とは、炭素鋼に対して1種類以上の合金元素を加えたものです。

問3

炭素の含有量が2.1％～4.3％程度の鉄と炭素の合金を鋳鉄と呼ぶ。

解答：正しい

解説：鋳鉄は、2.06～6.67％の炭素を含む鉄と炭素の合金ですが、一般には、炭素量2.0～4.0％前後のものが用いられます。

問4

FC250とは、炭素含有量2.5%程度のねずみ鋳鉄である。

解答：誤り

解説：FC250はねずみ鋳鉄の一種ですが、250は炭素含有量ではなく、強度として最低引張強さを表します。FC250は、最低引張強さ250 N/mm^{2}以上（250 MPa以上）のねずみ鋳鉄を指します。

問5

鋳鉄は、圧縮よりも引張に強いため、主に引張を受ける部材に使用するとよい。

解答：誤り

解説：鋳鉄は、炭素鋼などに比べて引張強度が低いため、強度が要求される部材としては適しません。一方で、鋳鉄は圧縮には強く、引張強度の3～4倍程度の圧縮強度を持ちます。よって、引張を受ける部材に使用するのは不適切で、圧縮を受ける部材に用いる方が適切です。

問6

SS材とは、機械構造用炭素鋼鋼材のことである。

解答：誤り

解説：SS材とは、一般構造用圧延鋼材です。

問7

SS材は、溶接には適さない。

解答：誤り

解説：SS材は、炭素含有量が少ないため、溶接性に優れた鋼材です。

問8

S20Cの炭素含有量は、約2%である。

解答：誤り

解説：S20Cの20は、炭素含有量を指しています。ただし、この数字は、炭素含有量を百分率で表した値を100倍した数値です。
よって、S20Cの場合炭素含有量は次のようになります。
20の100分の1 ➡ 0.2%
つまり、S20Cは、炭素含有量約0.2%の機械構造用炭素鋼鋼材です。

問9

アルミニウムは、銅より熱伝導率が小さい。

解答：正しい

解説：代表的な金属の熱伝導率は次のとおりです（6-1を参照）。
銅（398 W/(m・K)）＞アルミニウム（237 W/(m・K)）＞鉄（80.3 W/(m・K)）＞ステンレス鋼［SUS 304］（16.0 W/(m・K)）

問10

ステンレス鋼は、鉄にニッケルやクロムなどを加えたものである。

解答：正しい

解説：鉄に腐食効果があるクロムCrを添加すると、表面に薄いCrの酸化被膜が形成され、大気中ではほとんど錆びなくなります。一般に、Crの含有量が12%以上のものをステンレス鋼と呼びます。ステンレス鋼は、Crの他に、ニッケルNiも添加されます。

問11

鋼の熱処理の例として、塗装やめっきなどが挙げられる。

解答：誤り

解説：塗装やめっきは、熱処理ではありません。

問12

金属の熱処理は、加熱温度や冷却速度などを調節することにより、性質や金属組織を改良する加工方法である。

解答：正しい

解説：設問のとおりです。加熱温度、冷却速度を調整することで、金属組織や機械的性質を変化させます。

問13

焼なましとは、材料を適切な温度に加熱し、短時間で冷却することをいう。

解答：誤り

解説：これは、焼入れの説明です。焼なましとは、鋼を一定の温度まで加熱後、一定時間保持したのち炉の中で徐々に冷やす熱処理法です。鋼の基本となる熱処理を以下に記します。

▼鋼の基本的な熱処理

熱処理法	内容と特徴
焼ならし	・鋼を一定の温度まで加熱後、一定時間保持したのち空冷する。 ・金属組織の均一化、微細化が行われる。 ・鍛造や圧延などによって加工された金属の結晶は、組織が不均一となっており、機械的性質にムラが生じるなどの悪影響がある。焼きならしを行うことで、金属組織が均一化し、結晶粒が微細化し、機械的性質が改善する。

焼きなまし	・鋼を一定の温度まで加熱後、一定時間保持したのち炉の中で徐冷（徐々に冷やす）する。 ・鋼の内部応力の除去、加工硬化（加工によって硬くなること）した鋼の軟化、被削性の向上、組織の改良などが行われる。
焼入れ	・鋼をオーステナイトになるまで加熱した後、水や油などで急冷する。 ・焼入れを行うことで、鋼の硬さが増す。 ・オーステナイトを急冷するため、変態を行う十分な時間が与えられないため、パーライトではなくマルテンサイトなどの硬い組織になる。
焼戻し	・焼入れまたは焼きならしをした鋼を再加熱して、一定時間保持したのち冷却する。 ・焼入れをした鋼は硬くて脆く、内部応力も大きい状態である。焼戻しを行うことで、じん性が増して脆さが軽減される。

問14

合金鋼は、鉄に炭素と合金元素を加えたものである。

解答：正しい

解説：鉄に炭素を加えた合金を炭素鋼と呼びますが、さらに炭素以外の合金元素を1つ以上加えたものを合金鋼と呼びます。

問15

直径1mm前後の鋼球を金属の表面に高速で噴射して打ち付けることで、表面を加工硬化させる方法を窒化と呼ぶ。

解答：誤り

解説：このような表面硬化法をショットピーニングと呼びます。窒化は、焼入れ、焼戻しを行った鋼に対して、表面に窒素を浸透させることで表面を硬くする処理です。

問16

浸炭を行うと、鋼の表面ではなく内部の強度が増す。

解答：誤り

解説：浸炭は、浸炭材に浸けて加熱することで、鋼の表面から炭素を浸透させる方法です。表面付近の炭素含有量が増すため、表面が硬くなります。知っておきたい代表的な表面処理法を以下に記します。

▼表面処理法

表面処理法	内容と特徴
高周波焼入れ	・鋼材にコイルを巻くなどして、鋼材の表面だけを急加熱して熱処理を行う方法。 ・表面のみを硬くし、内部にはじん性を持たせることができる。 ・コイルに流す電流の時間によって、焼入れの深さを調整することができる。 ・大量生産にも向いている。
浸炭	・炭素量0.2％以下の低炭素鋼を浸炭材に浸けて加熱をすることで、鋼の表面から炭素を浸透させる方法。 ・表面付近の炭素含有量が増すため、表面が硬くなる。
窒化	・焼入れ、焼戻しを行った鋼に対して、表面に窒素を浸透させることで表面を硬くする処理。
火炎焼入れ	・酸素・アセチレン炎を用いて高周波焼入れと同様に鋼材の表面だけを加熱し、表面がオーステナイト組織になった後に水冷し、表面を焼入れする方法。
ショットピーニング	・直径1mm前後の鋼球を金属の表面に高速で噴射して打ち付けることで、表面を加工硬化させる方法 ・焼入れ等の熱間加工ではなく、冷間加工である。

Memo

Chapter 7

機械の安全対策

機械保全の作業では、機械を止めて修理やメンテナンスや試運転をしたり、運転中の機械の状態を測定したりします。これらは通常の工程とは異なるため、作業法を誤ると大きな危険を伴います。

機械保全における安全対策の基礎として、機械によるケガ、転落、火災予防を学びます。

7-1 安全管理者

安全管理者は、総括安全衛生管理者が行う業務のうち安全に係る技術的事項を管理します。

安全管理者の役割

安全管理者は、以下のような役割を担います。

・作業場などを巡視し、設備、作業方法などに危険のおそれがあるときは、直ちにその危険を防止するため必要な措置を講じる。

<例>

①建設物、設備、作業場所または作業方法に危険がある場合における応急措置または適当な防止の措置
②安全装置、保護具その他危険防止のための設備・器具の定期的点検および整備
③作業の安全についての教育および訓練
④発生した災害原因の調査および対策の検討
⑤消防および避難の訓練
⑥作業主任者その他安全に関する補助者の監督
⑦安全に関する資料の作成、収集および重要事項の記録
⑧その事業の労働者が行う作業が他の事業の労働者が行う作業と同一の場所において行われる場合における安全に関し、必要な措置

安全管理者の選任が必要な事業所

製造業、機械修理業、自動車整備などの法で定められた業種において、常時50人に上の労働者が居る事業所では、安全管理者を選任する必要があります。

• 対象の業種一覧

林業、鉱業、建設業、運送業、清掃業、製造業（物の加工業を含む）、電気業、ガス業、熱供給業、水道業、通信業、各種商品卸売業、家具・建具・じゅう器等卸売業、各種商品小売業、家具・建具・じゅう器小売業、燃料小売業、旅館業、ゴルフ場業、自動車整備業、機械修理業

COLUMN メンテナンスコストの削減

メンテナンスコストの削減は、経済的に効率的な運用を実現するために、多くの企業にとって重要な課題です。一般的に、メンテナンスコストを削減するためのアプローチには、予防保全、効率的な資源の利用、最新技術の導入などがあります。予防保全は、機器の故障を未然に防ぎ、不意のダウンタイムや高額な修理費用を避けることができます。これには、定期的な点検や、機器の状態をモニタリングするセンサーの使用が含まれます。また、メンテナンス作業の効率化もコスト削減に寄与します。例えば、作業手順の標準化や、必要な部品の在庫管理の最適化がこれにあたります。さらに、人工知能（AI）や機械学習などの最新技術を利用することで、設備の状態をより正確に分析し、必要なメンテナンス作業をより効果的に計画することが可能です。また、従業員の研修を通じてスキルを向上させることで、より迅速かつ正確なトラブルシューティングが可能になり、メンテナンスコストの削減に繋がります。これらの戦略を組み合わせることで、企業はメンテナンスコストを削減しつつ、機器の信頼性や生産性を維持することができるのです。

7-2 ボール盤による穴あけ作業の安全対策

ボール盤は、穴あけに多用される工作機械です。比較的手軽に使用できる機械であることから、練度が低い作業者が使う可能性も多いと考えられます。

作業時の安全対策

ドリルなどの工具が回転して穴をあけるため、けが、巻き込み、切削くずの飛散などに十分に注意を払わないと、大きなけがや事故につながる恐れがあります。

①ボール盤の回転部、ベルト部などには**防護装置**を取り付ける。
②巻き込まれる恐れがあるため、手袋の使用を禁止とする（手袋禁止の標識を備え、それが守られるように管理する）。
③**保護メガネ**を着用する（粉じんが発生する場合には、**防塵マスク**を併用する）。
④切りくずを手で払わず、ハケを用いる。

ボール盤を用いた穴あけ加工（図7-2-1）

写真提供：日本大学理工学部工作技術センター

7-3 グラインダによる研削作業の安全対策

グラインダは回転する砥石を扱う機械であり、砥石によるけがはもちろん、砥石が脱落したり、回転中に破壊したりするなどの危険性があります。

作業時の安全対策

グラインダの取り扱いには細心の注意を払う必要があります。グラインダによる研削作業の安全対策は、以下のとおりです。

①**最高使用周速度**を厳守するなど、研削砥石のラベルや検査票に記載されている種類や性質に沿った取り扱いを徹底する。
②側面を使用することを目的とした砥石以外は、側面を使用して研削作業をしてはいけない。
③砥石の取り替えと試運転は、安全衛生特別教育の修了者が行う。
④カバーの開口部はできるだけ小さくする。卓上用グラインダでは、原則として砥石露出部が90°以内とする。また、ワークレストより上の部分は65°以内とする。
⑤その日の作業開始時に1分以上の試運転を行う。砥石交換時には3分以上の試運転を行う。
⑥ワークレスト（受台）と砥石外周との間隔は、1～3 mmとなるように調整を行う。
⑦**保護メガネ**などの適正な保護具を着用する。

機械の安全手順を遵守

作業中の安全は最優先事項です。必要な保護具を着用し、機械の安全手順を遵守することが重要です。緊急停止装置の位置を把握し、常に意識してください。

7-4 プレス作業における安全対策

プレス機やシャーリング切断機など、工作物をプレスしたり切断したりする機械を扱う場合、プレスのスライドやシャーリングマシンのシャー刃に挟まれるなど、重大事故を伴う危険性があります。

作業時の安全対策

プレス作業による事故を防ぐための安全対策が必要です。

①動力により駆動されるプレス機械を**5台以上**有する事業場において行うプレス機を用いた作業を行う場合、**プレス機械作業主任技能講習修了者**の中から、プレス機械作業主任者を選任しなければならない。
②プレス作業を行う作業者がプレス機に挟まれるなど危険を防止するために、「身体の一部が危険限界入らないように**安全囲い**を設ける」、「スライドに挟まれる危険を防止するための機構を設ける」などの安全対策を行う。
③プレスの金型の取り付け、取り外し、調整などの作業を行う場合、作業者の身体の一部が危険限界に入るときは、スライドが不意に下降することによる危険を防止するため**安全ブロック**を使用するなどの措置を講じる。

適切な安全措置を講じる

機械を操作する前には、リスク評価を行い、適切な安全措置を講じることが必要です。未知の機械には特に慎重に接し、操作方法を完全に理解してから使用しましょう。

7-5 クレーン作業における安全対策

クレーンは物体をワイヤーロープやフックを用いて吊り上げる作業を行う機械であり、不適切な吊り上げの方法による吊り荷の落下、進入してはいけない場所に人が入ることによる事故などの恐れがあります。

作業時の安全対策

表7-5-1にクレーンによる死亡事故の原因と件数を記します。落下、はさまれによる事故が特に多いことがわかります。

▼クレーンによる死亡事故の原因と件数（表7-5-1）

1	落下	182件
2	はさまれ	170件
3	墜落	61件
4	機体の折損・倒壊・転倒	59件
5	衝突	37件

参考：クレーン年鑑、クレーン等による現象別・機種別死亡災害発生状況（平成21～30年）
出典：まんがでわかるクレーン・玉掛け作業の安全衛生
（https://www.mhlw.go.jp/stf/newpage_13668.html）

表7-5-2に、玉掛けによる死亡事故の原因と件数を記します。ワイヤーロープなどから吊り荷が外れたことによる事故が最も多く、確実かつ安全な玉掛けの重要性がよくわかります。また、ワイヤーロープの切断による事故も相当数起きており、ワイヤーロープの保守点検の重要性を物語っています。

その他、フックからのワイヤーロープが外れ、フックから吊り荷が外れる事故も19件ずつ起きており、ワイヤーとフックが外れたことによる事故が多くを占めていることがわかります。これらは、フックやワイヤー自体の機械的な不具合もありますが、それ以上に玉掛け作業におけるヒューマンエラーが大きな要因だといえます。つまり、適切な作業が事故を減らすのに最も重要な事項だといえます。

▼玉掛けによる死亡事故の原因と件数（表7-5-2）

1	ワイヤーロープ等からつり荷が外れたことによるもの	62件
2	ワイヤーロープ等の切断によるもの	23件
3	フックからワイヤーロープが外れたことによるもの	19件
4	フックからつり荷が外れたことによるもの	19件
5	巻上げワイヤーロープ等の切断によるもの	6件

参考：クレーン年鑑、クレーン等による現象別・機種別死亡災害発生状況※
※つり荷の落下及び機体等の折損・倒壊・転倒による死亡災害のうち、つり荷の落下に属するものを記載（平成21～30年）
出典：まんがでわかるクレーン・玉掛け作業の安全衛生
（https://www.mhlw.go.jp/stf/newpage_13668.html）

玉掛け作業の安全対策を以下に記します。

①無資格でクレーンの運転・玉掛けをしない。
- クレーンの操縦には、吊り上げ荷重によって、免許の取得、技能講習の修了、特別教育のいずれかが必要である。
- 玉掛け作業を行うには、吊り上げ荷重によって、**技能講習**の修了、**特別教育**のいずれかが必要である。

②吊り荷の動線や立ち入り禁止区域に入らない。
③吊り荷は４本吊りを原則とし、１本吊りは禁止とする。
④吊り角度は60°以内とする（吊り荷から出るワイヤーの角度が大きいと、ワイヤーに過剰な張力がかかるため）。
⑤吊り荷の上に乗ってはいけない。
⑥作業時には手袋を着用する。
⑦ワイヤーの素線が10%以上切断しているものは使用しない。
⑧ワイヤーロープの直径が公称径の7%を超えて減少したものは使用しない。
⑨キンク、変形、腐食が生じているワイヤーは使わない。

7-6 囲いや手すりによる安全対策

「囲い」や「手すり」による安全対策は、労働者の安全を確保するための基本的な手段です。機械の動作部分や高所作業エリアから作業者を物理的に隔離し、誤って触れたり落下したりすることによる事故を防ぎます。

作業時の安全対策

労働安全衛生関係法令によって、次のような規定があります。

①機械の原動機、回転軸、歯車、プーリー、ベルトなどで、労働者に危険を及ぼすおそれのある部分には、**覆い**、**囲い**、**スリーブ**、**踏切橋**などを設ける。
②加工物などが飛来することにより労働者に危険を及ぼすおそれがある場合、覆や囲いを設ける。それが困難な場合、労働者に**保護具**を使用させる。
③通路や作業箇所の上にあるベルトで、プーリー間の距離が3 m以上、幅が15 cm以上および速度が10 m/s以上であるものには、その下方に囲いを設ける。
④高さが2 m以上の作業床の端、開口部などで作業を行う場合、**囲い**、**手すり**（高さ85 cm以上）、**覆い**などを設ける。

機械の異常な挙動や音に注意

機械の定期的なメンテナンスは安全運用の鍵です。機械の異常な挙動や音に注意し、異常を感じたらすぐに作業を中断し検査を行いましょう。

7-7 消火の基本

機械保全においては、機械の適切なメンテナンスと点検を行うことで発火のリスクを最小限に抑えることができますが、万が一の火災発生時には迅速な消火が必要です。

燃焼と消火の基本

図7-7-1に示すように、燃焼は、「可燃物」「酸化剤」「熱源（点火源）」の3つすべてが揃うと起こります。これを**燃焼の三要素**と呼びます。いい方を変えると、燃焼の三要素のうちの1つでも取り除けば消火できます。これが、消火の基本的な考え方になります。図7-7-1に示すように、「可燃物を取り除く」「酸化剤を取り除く」「熱源を取り除く」の3つを、燃焼の三要素に対応して**消火の三要素**と呼びます。

燃焼の三要素と消火の三要素（図7-7-1）

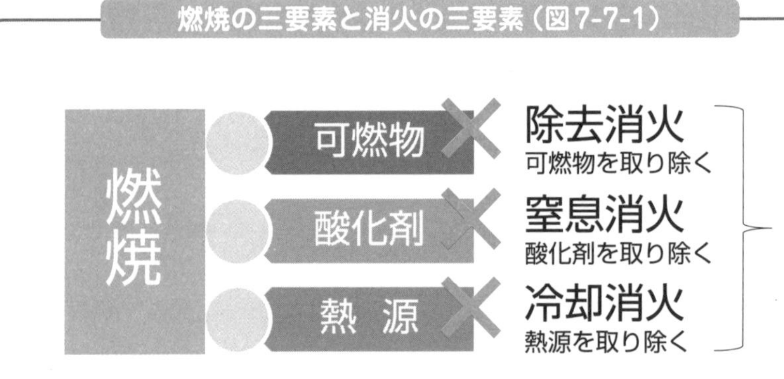

火災の種類

火災はA火災・B火災・C火災の3種に分けられます。

①普通火災(A火災)

紙や木材など、一般可燃物の火災を**普通火災**(**A火災**)といいます。

②油火災(B火災)

ガソリン、軽油、油脂類など、引火性液体による火災を**油火災**(**B火災**)といいます。

第4類危険物は、液体では水より軽いものがほとんどです。つまり、水をかけると水に浮いた危険物の火災が拡大する恐れがあります。よって、B火災は水による消火をしてはいけません。

③電気火災(C火災)

モータ、変圧器など、電気設備による火災を**電気火災**(**C火災**)といいます。電気火災に棒状の水や泡消火剤を放射すると、通電して感電する恐れがありますので、棒状の水や泡消火剤は適しません。

消火器には、上記のどの火災に適応するかが、次のようなマーク(イラスト)で記されています。

適応する火災のマーク(図7-7-2)

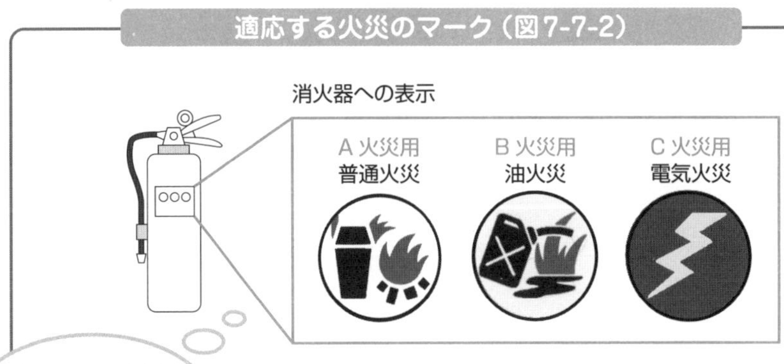

7-8 墜落制止用器具

機械のメンテナンスや修理作業が高所で行われる場合、墜落制止用器具は作業員を保護し、墜落による重大な事故や怪我を防止します。

墜落制止用器具（安全帯）

安全帯は、**墜落制止用器具**に名称が改められました。

①高さ6.75 mを超える場所ではフルハーネス型の墜落制止用器具を着用する。

②高さ2 m以上の作業床がない箇所または作業床の端、開口部などでの作業にはフルハーネス型の墜落制止用器具を着用する。

フルハーネス型墜落制止用器具（図7-8-1）

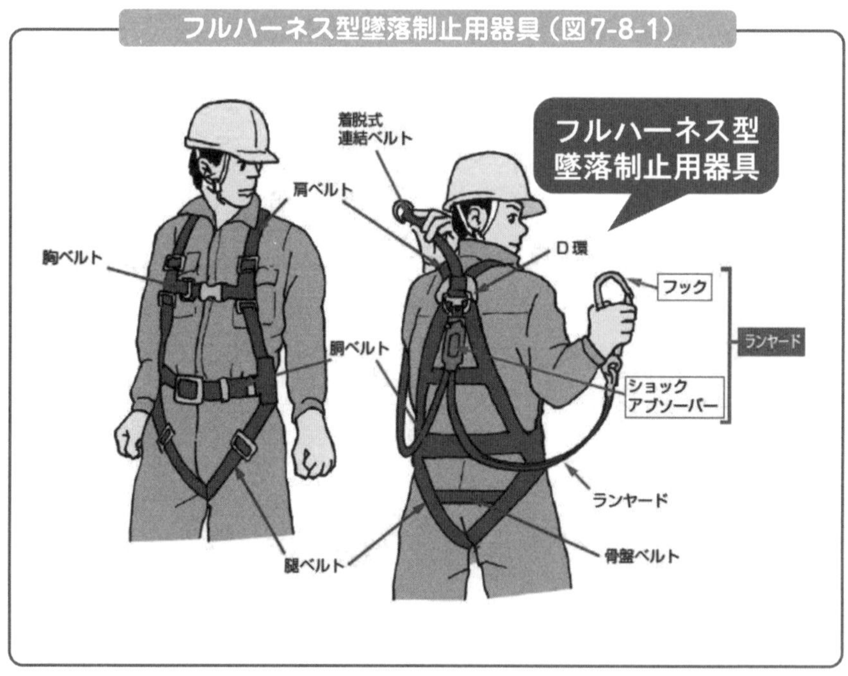

出典：安全帯が「墜落制止用器具」に変わります！（厚生労働省）（https://www.mhlw.go.jp/stf/houdou/0000212834.html）

試験対策問題

問1

製造業、機械修理業、自動車整備等の法で定められた業種において、常時10人以上の労働者が居る事業所において、安全管理者を選任する必要がある。

解答：誤り

解説：製造業、機械修理業、自動車整備などの法で定められた業種において、常時50人以上の労働者が居る事業所において、安全管理者を選任する必要があります。

問2

ボール盤作業では、必ず手袋を装着する。

解答：誤り

解説：ボール盤による穴あけ作業時に手袋を着用することは、巻き込まれる危険性があるため不適切です。

問3

ボール盤を用いた穴あけ作業時には、手元がよく見えるように、保護メガネは着用してはいけない。

解答：誤り

解説：ボール盤による穴あけ作業時には、飛散した切削くずなどによるけがを防止するため、保護メガネ等の保護具を適正に着用します。

問4

グラインダを用いた作業において、側面を使用することを目的とした砥石以外は、側面を使用して研削作業をしてはいけない。

解答：正しい

解説：設問のとおりです。

問5

クレーンの吊り荷は、1本吊りを原則として、4本吊りは禁止されている。

解答：誤り

解説：吊り荷は4本吊りを原則とし、1本吊りは禁止です。

問6

吊り角度は60°以上とする。

解答：誤り

解説：吊り角度は60°以内とします。

問7

ワイヤーの素線が7%以上切断しているものは使用してはいけない。

解答：誤り

解説：ワイヤーの素線が10%以上切断しているものを使用してはいけません。

問8

ワイヤーロープの直径が、公称径の7%を超えて減少したものは使用しない。

解答：正しい

解説：設問のとおりです。

問9

消火器に表示されている以下のマークは、B火災に適応していることを意味する。

解答：誤り

解説：このマークは、A火災（普通火災）に適応していることを意味します。

問10

消火器に表示されている以下のマークは、油火災に適応していることを意味する。

解答：正しい

解説：このマークは、B火災（油火災）に適応していることを意味します。

問11

C火災とは、紙や木材などの一般の可燃物による火災を指す。

解答：誤り

解説：C火災は電気火災です。一般の可燃物による火災はA火災（普通火災）です。

Chapter 8

機械の要素

本章では、機械がスムーズに動作するための不可欠な機械要素やその機能について詳細に解説します。初学者から経験者まで、機械の基本を理解する上でのガイドとなっています。伝動用機械要素や密封装置、潤滑油など、日常の保全活動での実践的な応用に直結する情報を正しく理解しましょう。

8-1 締結用機械要素

機械保全の領域において、締結用機械要素の理解は必要不可欠です。これらの要素は機械の基本的な構成要素で、機械の各部分を固定し連結する役割を果たします。締結用の機械要素は、ねじ、ボルト、ナット、ワッシャー、リベットなど、広範なアイテムを包括しており、これらは機械の構造を安定させ、部品を正しい位置に保持し、震動や外力に対する耐性を提供します。

締結用機械要素の種類

ねじは主として部材同士の締結、回転運動と直線運動との変換などにも用いられます。**ボルト**と**ナット**は、締結要素の中で最も一般的に使用されるもので、これらは互いにねじ込むことで部品を固定します。**ワッシャー**は、ボルトやナットの下に配置され、締結面の平坦を保ち、座面にかかる圧力を均等に分散させます。また、**リベット**は、部品を半永久的に連結するために使用されることがあります。

ねじ

図8-1-1に示すように、円柱の外側あるいは円筒の内側にらせん状の溝（ねじ山）を設けたものを**ねじ**と呼びます。

> おねじ：円柱の外側にねじ山を設けたもの（図8-1-1（a））
> めねじ：円筒の内側にねじ山を設けたもの（図8-1-1（b））

図8-1-1に示すように、互いに組み合わされるおねじとめねじを**ねじ対偶**と呼びます。このとき、おねじの外側部分の径である外形dは、ねじを切る前の円柱の直径と等しくなり、これをおねじの**呼び径**と呼びます。おねじに対してねじ山を切った際に生じる谷の部分の径を**谷の径**d_1と呼びます。

一方、めねじを切るときには、はじめに図8-1-1（b）の内径D_1の穴を開けます。この穴を**下穴**と呼び、下穴の直径は、おねじの谷の径とほぼ同じになります。下穴に対して、ねじ山を切って谷を広げますが、谷の部分であるめねじの谷の径Dは、おねじの外形dとほぼ同じになります。また、ねじ溝の幅とねじ山の幅が等しくなるような仮想的な円筒の直径を**有効径**と呼びます。

ねじの外観（図8-1-1）

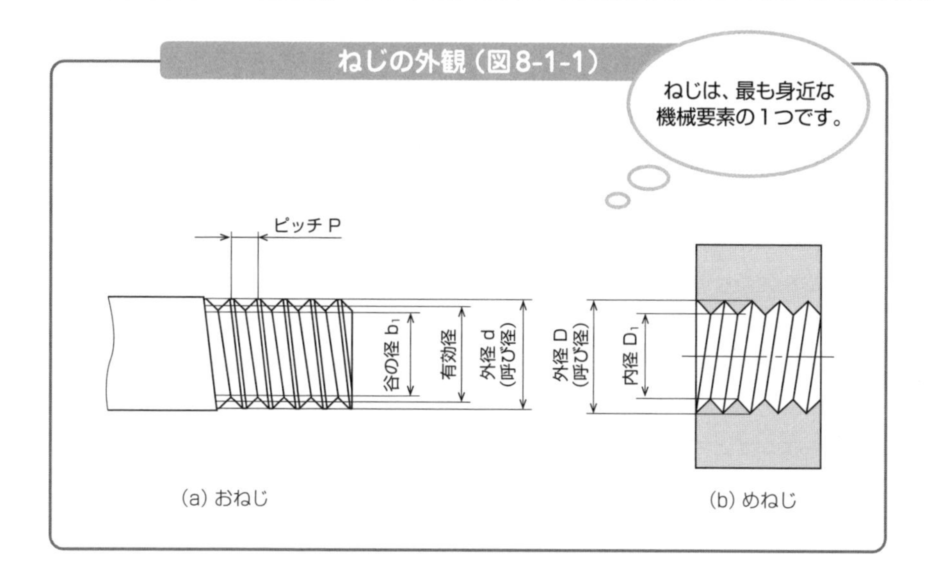

ねじ山の間隔を**ピッチP**と呼びます。通常のねじは、1回転（360°）させると1ピッチ分ねじが進みます。ここでいう通常のねじとは、ねじのらせんが1本（1条）のねじを指します。このようなねじを**一条ねじ**と呼びます。ねじのらせんが2本、3本のように多条になっているものをそれぞれ二条ねじ、三条ねじ、多条ねじと呼びます。例えば、二条ねじは、ねじを1回転させると2ピッチ分進みます。

ねじを1回転させたときに進む距離を**リード**Lと呼びます。つまり、一条ねじは、1回転で1ピッチ、二条ねじは1回転で2×P＝2ピッチ進みます。つまり、n条のねじでは次のようになります。

リードL ＝ ピッチP × ねじの条数n

以上をまとめると、以下のことがいえます。

呼び径：おねじの外形d ＝ めねじの谷の径D
有効径：おねじのねじ山の幅とめねじのねじ溝の幅が等しくなる仮想的な円筒の直径
ピッチP ＝ ねじ山の間隔
リード※L ＝ ピッチP × ねじの条数 n

※リード：ねじ1回転で軸方向に進む距離

締結用機械要素の選択

締結要素の選択は、対象となる機械設備の要件に基づいて行われる必要があります。素材、寸法および形状は、機械の動作、耐久性、およびメンテナンスに重要な影響を与えます。例えば、高温または高圧の環境では、特定の材料または適切なコーティングを施した締結要素を選択することが重要になります。

締結用機械要素の保全とメンテナンス

保全作業において、締結要素の状態を定期的に確認し、適切なトルクで固定されていることを確認することが重要です。また、潤滑剤の使用や適切な取り付け技術を採用することで、締結要素の性能を保ち、長期的な耐久性を向上させることができます。不適切な取り付けやメンテナンスは、物のゆるみや脱落など、機械の故障や事故につながる可能性があります。

締結用機械要素の診断と故障分析

締結要素に不具合があると、それが機械の故障につながる可能性があります。故障分析を通じて、締結要素の問題を特定し、未来の問題を防止する解決策を施すことが重要です。さらに、定期的な検査と適切な保全を実施することで、機械の安全で効率的な運用を保つことができます。

締結用機械要素は、機械の機能と保全の両方において基本的であり、これらの要素の知識と適切な管理は、機械保全の作業者にとって不可欠です。

▼締結用機械要素の特徴（表8-1-1）

締結用機械要素	特徴	保全・メンテナンス	診断と故障分析
ねじ	別個の部材の締結、回転運動と直線運動の変換に用いられる。	定期的な状態確認、適切なトルクでの固定。	故障分析を通じた問題特定。
ボルト	一般的に使用され、ナットと共に使用される。	適切な取り付け、点検。	定期的な検査。
ナット	ボルトと共に使用され、部品を固定。	長期的な耐久性向上のためのメンテナンス。	適切な保全プログラムの実施。

締結用機械要素	特徴	保全・メンテナンス	診断と故障分析
ワッシャー	ボルトやナットの下に配置され、締結面の平坦を保ち、座面の圧力を均等に分散。	締結面の損傷防止のための点検。	損傷や摩耗の早期発見。
リベット	部品を永久または準永久に連結するために使用。	適切な取り付けと定期的な点検。	永久連結部の損傷や緩みの検出。

ボルト・ナット（図8-1-1）

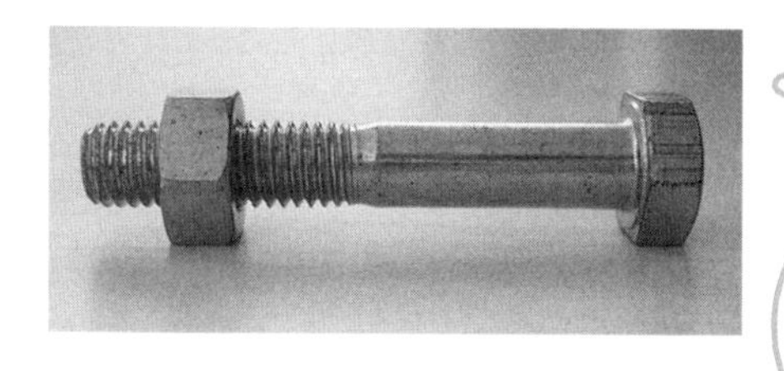

ボルトは部品を固定し、
ナットはボルトを締め付ける
役割を果たします。
機械や構造物の安全性と
信頼性に大きな影響を
与えます。

リベット（図8-1-2）

リベットは、金属や他の素材を
接合するための固定具で、
穴を通して圧着して使用されます。
強力な結合力と信頼性を提供し、
構造物や車両の製造に
広く用いられます。

8-2 軸要素

軸要素は、機械の動力を伝える中心的な要素として、多くの機械や装置に存在します。この軸が正しく動作しないと、機械全体の動作が影響を受けることが多いため、その役割は非常に重要です。

軸の役割

軸は、主に動力を伝達する役割を持ちます。例えば、モーターからの出力を受け取り、それをギアやベルトを介して別の部分に伝えるための部品として機能します。これにより、エンジンやモーターからの動力が機械全体に伝達され、所定の動作を達成することができます。

形状や大きさ、材料

軸は、その形状や大きさ、材料によって様々な種類が存在します。鋼などの金属が主な材料として使われることが多いです。しかし、用途や環境に応じて、特定の合金や耐熱、耐摩耗性に優れた材料が選ばれることもあります。例えば、高温や高圧の環境での使用を考慮して特殊な合金や表面処理が施された軸が使用されることもあります。

軸のメンテナンス

軸のメンテナンスは、機械の寿命や安全性を確保する上で欠かせない作業となります。特に、摩擦が発生しやすい軸や軸受けの部分は、適切な潤滑が必要です。潤滑油やグリースの種類、適切な塗布量、交換のタイミングなど、潤滑に関する知識はメンテナンスの基本となります。

定期的な点検

定期的な点検も重要です。長時間の使用や環境の変化によって、軸や接続部に摩耗や亀裂、変形が生じる可能性があります。これらの異常が進行すると、機械の動作不良や故障、事故の原因となるため、早期に異常を察知し、適切な修理や交換を行うことが必要です。

軸の取り付けや調整

軸の取り付けや調整も重要な作業となります。回転軸のずれや取り付けのずれは、機械の振動やノイズの原因となることが多いため、正確な取り付けや調整が求められます。

正しく管理された軸は、機械の安全で効率的な動作を保証し、長寿命化にも寄与します。

▼機械の軸要素（表8-2-1）

カテゴリ	詳細
軸要素の重要性	機械の動作を支える中心的な要素。軸が正しく動作しないと、機械全体の動作に影響が出る。
軸の役割	主に動力を伝達する。モーターやエンジンからの出力を受け取り、ギアやベルトを介して別の部分に伝える。
形状や大きさ	様々な種類が存在。用途や環境によって異なる。
材料	主に炭素鋼。特定の鋼や耐熱、耐摩耗性に優れた材料も使用される。高温や高圧の環境での使用を考慮した特殊な合金や表面処理が施された軸もある。

主軸・クランク軸（図8-2-1）

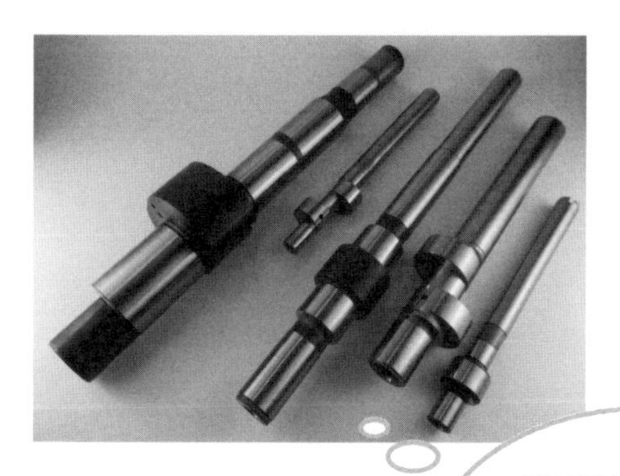

軸要素は機械の動作を支える中心的な部分であり、その保全やメンテナンスには十分な注意と専門的な知識が必要です。

8-3 伝動用機械要素

伝動用機械要素は、部品やシステムを通じて、機械や装置の中で動力を適切に伝達し、所望の動きや機能を実現する役割を果たします。それぞれの要素には独自の特性や役割があり、これらを適切に組み合わせて使用することで、機械は高い効率と性能を発揮することができます。

ギアセット

ギアの種類には、平歯車、はすば歯車、かさ歯車、ウォームギアなどがあり、それぞれのギアには特有の特性と用途が存在します。例えば、はすば歯車は平行な軸の間での伝達に用いられます。はすば歯車はその斜めの歯車の形状が振動や騒音を低減させる効果があります。かさ歯車やウォームギアは直角な軸の間での伝達に用いられます。

ギアセット（図8-3-1）

2つ以上の歯車が
組み合わさったもので、
主にトルクや回転速度の
変更、そして動力の方向転換を
行うために使用されます。

ベルトとプーリー

ベルトの材質や形状、プーリーの大きさや配置によって、伝達するトルクや速度が変わります。Vベルトやフラットベルト、シンクロベルトなど、様々なベルトの種類があり、それぞれの用途や条件に応じて選択されます。

ベルトとプーリー（図8-3-2）

チェーンとスプロケット

チェーン駆動は、ベルト駆動と似た原理で動作しますが、**スプロケット**の歯とチェーンの間に直接的な噛み合わせがあるため、すべりがほとんど発生しません。これにより、より高いトルクを確実に伝達することが可能です。

チェーンとスプロケット（図8-3-3）

オートバイや
自転車などでよく
見られます。

クラッチと変速機（トランスミッション）

クラッチは、エンジンと変速機（**トランスミッション**）の間などに位置し、動力伝達を一時的に切断する役割を持ちます。これにより、車を停止させたままエンジンを稼働させたり、ギアを変更したりすることができます。

トランスミッション（図8-3-4）

異なるギア比を利用して
動力を適切な回転数と
トルクの組み合わせに
変化させて伝達します。

カムとフォロワー

カムと**フォロワー**の組み合わせは、回転運動を直線運動に変換するメカニズムとして使用されます。カムの特定の形状が、フォロワーを特定の動きに従わせることで、タイミングよくバルブを開閉するなどの動作を実現します。

カム（図8-3-5）

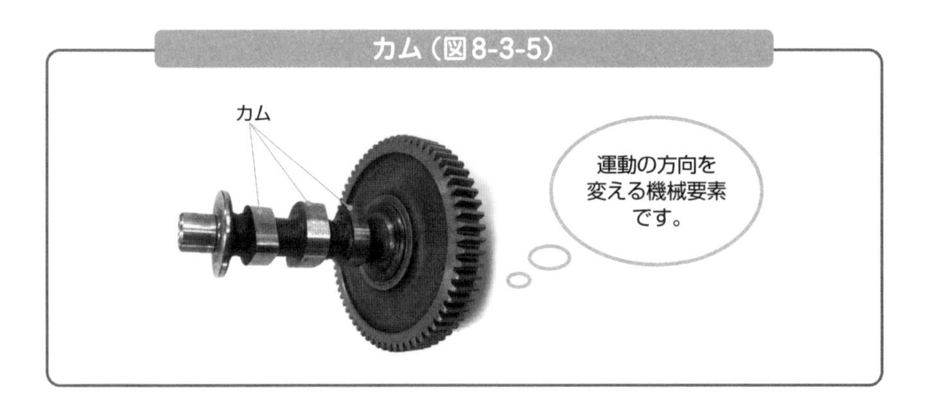

ユニバーサルジョイント

ユニバーサルジョイントは、異なる角度で配置された２つの軸を接続し、動力を伝達することができる機構です。このジョイントの特徴は、軸が直線的でない場合や、軸同士の角度が変動する場合でも確実に動力を伝達することができる点にあります。

機械の動作を把握する

各部品の機能と相互作用を理解することが、機械の効率的な運用と保守の鍵です。細部にまで注意を払い、全体の動作を把握しましょう。

8-4 配管類

配管類は、これらの部品や要素が適切に組み合わせられ、設計されることで、流体を安全かつ効率的に輸送するシステムを形成します。それぞれの要素には特有の機能と役割があり、これらを正しく理解し、適切に使用することが、流体系の性能や安全性の確保に欠かせません。

配管類の役割とその重要性

配管類は、工業や生活のあらゆる場面で見受けられ、液体やガスの輸送を安全かつ効率的に行うための中心的な役割を果たしています。これらのパイプやチューブは、異なる材料や規格、寸法を持ち、それぞれの用途や条件に適したものが選ばれています。

鋼管

鋼管には、配管用、熱伝達用の複数の種類があります。その径は外径を基準に定められています。同じ呼び径の管は内径が違っていても外径は同じです。つまり、その場合は肉厚が異なります。肉厚は、次のスケジュール番号（Sch.No.）で示されます。

$$\text{Sch.No.} = 1000\frac{P}{S}$$

P：管の内圧（MPa）

S：管材の許容応力（MPa）※

つまり、Sch.No.が大きい管は、外径（呼び径）が同じでも肉厚が大きく、その分内径が細くなります。

※応力とは

単位面積あたりに生じている力を指します。その単位1 N/m^2が1 Pa（パスカル）です。通常、材料に働く応力は面積1 mm^2あたりで示すことが多く、N/mm^2で表されます。

1m ＝ 1000 mmですので、$1\text{mm} = \frac{1}{1000}\text{m}$です。

よって、$1\text{mm}^2 = \frac{1^2}{1000^2}\text{m} = \frac{1}{10^6}\text{m}$

つまり、1 N/mm^2 = 1×10^6 N/m^2= 1×10^6 Pa＝1 MPaです。よって、MPaはN/mm^{2}と同じです。

バルブの役割

バルブは、流体の流れを制御するための要素で、開閉や流量調整を行うことができます。また、安全バルブとして、過度な圧力が発生した際に自動的に開いて圧力を放出する機能を持つものもあります。バルブの種類や機能は多岐にわたり、ゲートバルブ、バタフライバルブ、チェックバルブなど、それぞれの用途や特性に応じたものが存在します。以下は、バルブの主な種類とその特性です。

ゲートバルブ（仕切弁）：弁が上下に動作して開閉を行う弁です。主に開閉用として使用され、完全に開いた状態では流体の流れをほとんど妨げません。流量の調整には適しません。

グローブバルブ（玉形弁）：弁の作用をする部分（弁箱）が球形であり、弁体が弁座に対して直角に動作し、流体はその部分をS字に流れます。玉形弁は流量の調整に適します。

バタフライバルブ：薄いディスク形状の部分を回転させて流れを調節するもので、コンパクトな設計が特徴です。

チェックバルブ：一方向の流れのみを許可し、逆の流れを防止します。これは、逆流を防ぐための重要な機能です。

部品の状態を常にチェックする

軸受、歯車、ベルトなど、機械の基本部品の定期的な点検と交換が、故障の予防に繋がります。常に部品の状態をチェックし、必要に応じてメンテナンスを行いましょう。

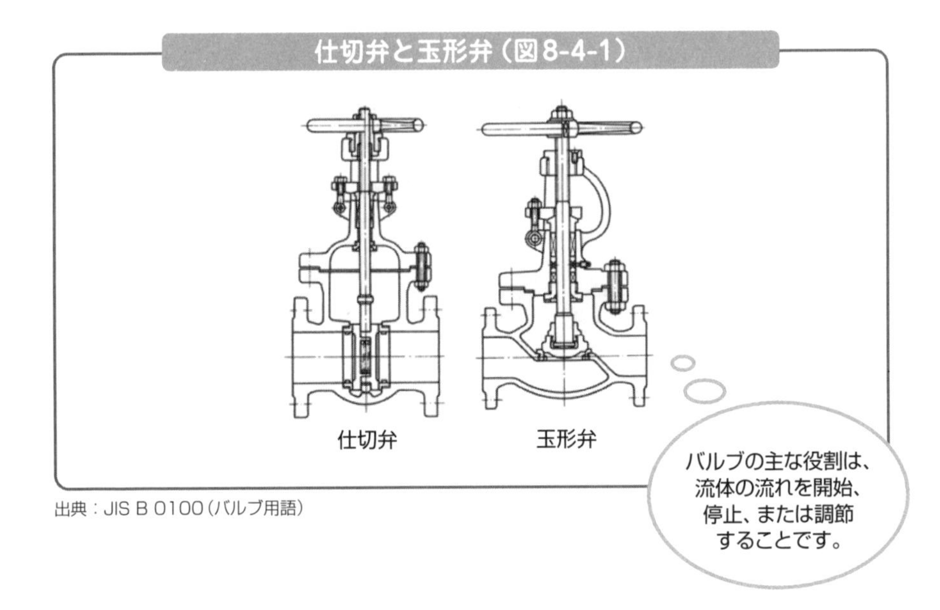

出典：JIS B 0100（バルブ用語）

フィッティングと関連要素の役割

フィッティングは、パイプやチューブを接続するための部品であり、エルボー、ティー、リダクションなどの形状を持つものがあります。

関連要素としては、フランジ、ガスケット、クランプなどがあり、これらはパイプやバルブ、機器の固定や接続をサポートします。フィッティングは、多様な形状や用途を持っています。

エルボー：曲げられた形状のフィッティングで、パイプの方向を90度または45度変更するために使用されます。

ティー：3方向に分岐するフィッティングで、主に流体を2つの方向に分岐させるために使用されます。

リダクション：異なるサイズのパイプを接続するためのフィッティングで、大きなパイプから小さなパイプへの移行を実現します。

フィッティング（図8-4-2）

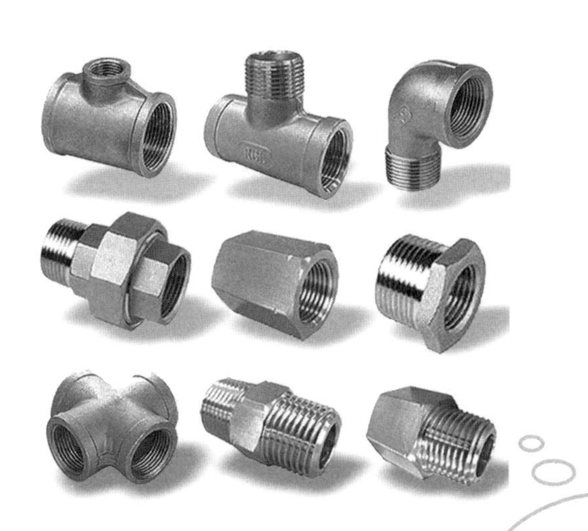

流体の方向転換や分岐、流路の変更を実現するために不可欠です。

圧力と温度

配管類は、特定の圧力と温度の条件下での使用が想定されており、これらの限界を超えると破損や漏れのリスクが増大します。そのため、適切な材質の選択や、定期的な点検・保守が必要となります。

部品の寸法精度と材料の品質に注意を払う

正確な寸法と適切な材料選択が、機械の性能と寿命に大きく影響します。部品の寸法精度と材料の品質に注意を払い、適切なものを選びましょう。

8-5 密封装置

機械やシステムの多様性に応じて、密封装置もまた多様化しています。適切な装置の選択と、その維持・管理は、機械の安全性や効率を確保する上で不可欠な要素となっています。

密封装置とは

密封装置（**シール**）は、流体の漏れや外部からの異物の混入を防ぐ装置です。機械やシステムの効率的かつ安全な動作を保証するための主要な要素となっています。これらの装置が存在しなければ、液体やガスは予期しない箇所に漏れ出してしまい、それによって機械の性能が低下したり、部品が腐食したりするリスクが高まります。さらに、外部環境の汚染物質が機械内部に侵入することを防ぐ役割も果たします。

シールは、固定用（静止用）と運動用に大別されます。固定用のシールを**ガスケット**と呼び、配管の接続部分のフランジなど、静止部分のシール用いられます。

運動用のシールは**パッキン**とも呼ばれ、回転運動や往復運動している部分の密封に用いられます。パッキンの代表的なものは、Oリング、リップシールなどです。

Oリングの多様性と適応性

Oリングは、その形状や材質の多様性から、様々な工業製品や機械に適用されています。エラストマーやゴム、さらには特定の化学的・熱的条件に適した専用材料でつくられています。

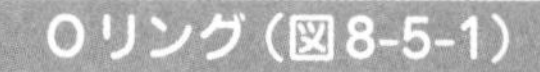

Oリング（図8-5-1）

高い密封性を
提供しながらも、
部品としてのコンパクトさ
や取り扱いの
容易さを維持します。

ガスケットの材料と形状の選定

ガスケットの材料や形状の選定は、その使用環境や圧力、温度条件に応じて行われるため、非常に多様な製品が市場に存在します。金属ガスケットは高温・高圧条件に適しており、非金属ガスケットは化学的な耐性や柔軟性が求められる場面で利用されることが多いです。

ガスケット（図8-5-2）

接続部分の
微小な隙間や凹凸を
埋めることで漏れを
防止します。

リップシールの高度な技術

リップシールは、油圧シリンダーやエンジンのピストンなど、動きが伴う部分での密封に多く用いられます。摩擦を低減するための潤滑や、適切な取り付け方法が求められることもあります。

リップシール（図8-5-3）

出典：イーグル工業株式会社 ホームページ
（https://www.ekkeagle.com/jp/product_category/lip-seal）

特に動的な環境下での密封に適しています。

異常な振動や音に敏感に反応する

振動や騒音は、機械の要素に問題がある可能性のサインです。異常な振動や音には敏感に反応し、原因を追究しましょう。

メカニカルシールの高度な技術

メカニカルシールは、ポンプやコンプレッサーなど、液体やガスを動かす機械での使用が一般的です。メカニカルシールは、摩擦面の材質や形状、そして冷却・潤滑システムの設計によって、高い圧力や速度の条件でも確実な密封性を維持します。

メカニカルシール（図8-5-4）

回転する部品と
静止している部品との
間の密封に
特化しています。

適切な潤滑剤の選択をする

潤滑は機械のスムーズな動作に不可欠です。適切な潤滑剤の選択と定期的な補給が、部品の摩耗を減らし、効率を保つために重要です。

8-6 潤滑油

潤滑油は単なる「滑らせる」液体以上のものです。その粘度、潤滑性、浄化能力など、多岐にわたる性質が機械の性能、耐久性、信頼性を維持しています。潤滑油の性質を理解したうえで、適切なメンテナンスと管理を行うことが、機械の寿命と性能を最大化する鍵となります。

潤滑油の役割

潤滑油の主な役割を表8-6-1に示します。潤滑油は、しゅう動部の摩擦や摩耗を防ぐほかにも、液体であることによる高い冷却効果、ガス漏れなどを防ぐシール効果、さび止めや清浄効果などを持ちます。

▼潤滑油の作用（表8-6-1）

潤滑油の作用	説明
摩擦の軽減	面どうしに油膜を形成することで摩擦を低下させる。
摩耗の低減	面どうしが直接接触するのを防ぎ、摩耗を小さくする。
冷却	摩擦熱を吸収して放熱、焼付きを防止する。
密封	形成された油膜によって外部に物質などが出入りするのを防ぐ。
錆止め	金属表面に吸着することで発錆を防ぐ。
異物の除去	外部からの異物を排除する。特に内燃機関では煤が凝集することを防ぐ。

摩擦の低減

摩擦は、主に固体部品同士が直接接触することによって生じます。この接触は、熱の発生や部品の摩耗を引き起こします。潤滑油は、部品同士の間に薄い油膜を形成することで、直接の接触を防ぎます。この油膜は非常に滑らかな性質を持っており、部品間の相対的な動きを助け、摩擦を大幅に低減します。機械の動作中、部品同士の接触が原因で生じる摩擦は、機械の性能を低下させる主要な要因となります。潤滑油は、部品の間に介在し、この摩擦を効果的に低減させます。こうした摩擦の低減により、部品の摩耗が減少し、長寿命化が図られます。

熱の制御

動作中の機械は、摩擦や圧縮、化学反応（燃焼などの化学反応を伴う機器の場合）などによって熱を生成します。過度な熱は、金属の膨張や変形を引き起こすことがあります。潤滑油は固体の間に入ったり、固体表面に付着して機械を構成する部品を冷却する作用を持っており、発生した熱を部品全体に均等に分散し、効果的に放散させます。これにより、部品の冷却が促進され、過熱によるダメージのリスクが低減します。機械の動作によって生じる熱は、部品にとって有害なものとなり得ます。特に、適正な冷却がされずに部品の温度が過度に上昇した場合、部品の変形や機能低下の原因となることがあります。潤滑油は、発生する熱を適切に分散・放散させ、部品を過度な熱から保護する役割を持っています。

内部の清浄保持

機械が動作することで生じる微細な金属片や不純物は、機械の性能低下の要因となります。潤滑油はこれらの異物をキャッチし、フィルターなどのシステムを通じて機械の内部から排除する役割を果たします。これにより、機械内部は常に清潔な状態を保つことができます。

機械の性能の最適化

適切な潤滑により、機械の動作はスムーズになり、エネルギーの無駄も低減します。これにより、エネルギー効率が向上し、機械の全体的な性能も最適化されます。

メンテナンスと潤滑油

潤滑油の性質は時間と共に劣化するため、定期的な交換や点検が必要です。潤滑油の適切な種類の選定、交換のタイミング、使用量の調整など、メンテナンスの過程で潤滑油の管理は中心的な役割を果たします。正しいメンテナンスによって、機械の寿命を大幅に延ばすことが可能となります。

試験対策問題

問1

めねじとは、ねじ山が円筒または円錐の外面にあるねじである。

解答：誤り

解説：設問の記述はおねじの説明です。

おねじ：円柱、円筒、円錐の外面にねじ山を設けたもの。
めねじ：円筒の内側にねじ山を設けたもの。

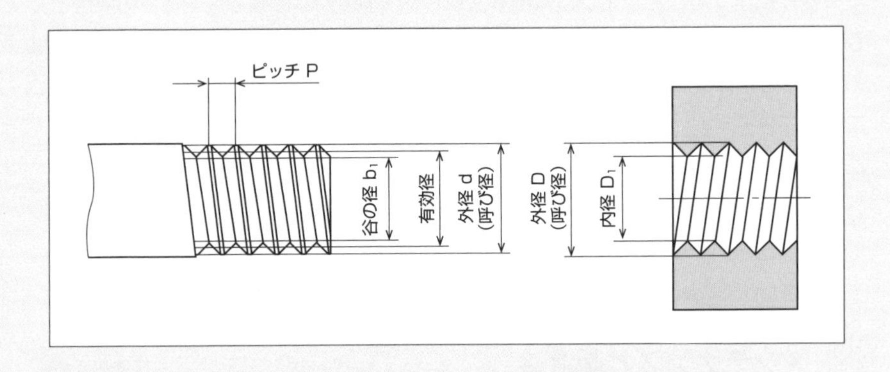

問2

ねじのピッチとは、ねじを1回転させたときに、ねじが軸方向に動く距離のことである。

解答：誤り

解説：ねじを1回転させたときにねじが軸方向に進む距離をリードLと呼びます。ピッチPは、隣り合うねじ山の間隔です。1条ねじでは、ピッチとリードは等しくなりますが、多条ねじではピッチとリードは等しくなりません。例えば2条ねじでは、ねじ1回転で2ピッチぶん進みます。つまり、リードLとピッチPとねじの条数nの関係は次のとおりです。

リードL ＝ ピッチP × ねじの条数n

問3

ねじの呼び径とは、ねじ山とねじ溝の幅が等しくなるような仮想的な円筒の直径のことである。

解答：誤り

解説：ねじ山とねじ溝の幅が等しくなるような仮想的な円筒の直径を有効径と呼びます（問題1の解答の図を参照）。呼び径とは、おねじの直径またはめねじの谷の径を指します（問題1の解答の図を参照）。

問4

平歯車は、2つの歯車の軸が平行となる。

解答：正しい

解説：平歯車は、2つの歯車対の軸が平行になります。

問5

かさ歯車は、噛み合った2つの歯車の軸が平行な歯車である。

解答：誤り

解説：かさ歯車は、噛み合った2つの歯車の軸が交差しています。

問6

ローラチェーン伝動は、ベルト伝動に比べて、滑りがなく、大きな動力を伝達できる特徴がある。

解答：正しい

解説：ローラーチェーンは、チェーンをスプロケットに掛けて動力を伝達します。そのため、ベルトに比べてすべりがなく、大きな動力を伝達できます。ベルトと比べた際の欠点は、重量が大きい、音が発生しやすい、グリスなどによる潤滑が必要などです。

Chapter 9

機械の計測器

本章では、機械の動作や性能を測定するための様々な計測器に焦点を当てています。計測器の選定、適用、および維持に関する基本的な知識と、これらの計測器が機械保全と診断にどのように利用されるかについて理解しましょう。

9-1 各種計測器の基本

機械保全における計測器は、機械の正確な診断と効果的な保全の計画を可能にする重要なツールです。本節では、いくつかの基本的な計測器とその使用方法について詳しく説明します。

寸法測定器

特に**ノギス**や**マイクロメータ**は、機械部品の寸法を精密に測定するために使用されます。ノギスは外寸、内寸、深さを測定できる非常に便利なツールであり、マイクロメータは一般に外径や厚さの精密測定に利用されます。これらの測定器は、機械部品が設計どおりの寸法と精度で製造され、保守されていることを確認するために重要です。

マイクロメータ（図9-1-1）

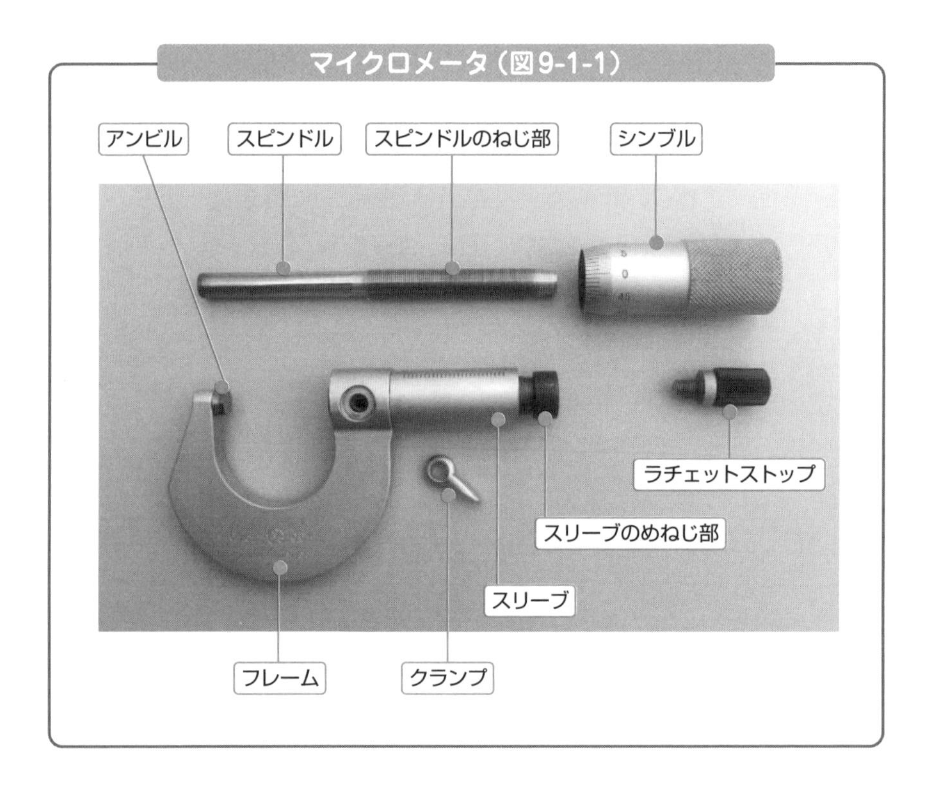

温度計測器

温度センサーや**赤外線温度計**を含みます。温度センサーは、機械やシステムの動作中に温度を連続的に監視し、赤外線温度計は非接触で温度を測定できるため、アクセスが難しいか高温の場所でも温度測定が可能です。

圧力計測器

機械やシステム内の流体の圧力を測定するために使用されます。圧力ゲージは、システムの圧力が安全で適切な範囲内にあることを確認するために使用されますが、電子的な圧力センサーはデータロギング（データの定期的な記録）やリモートモニタリングのために使用されることもあります。

速度と回転数測定器

タコメータや速度センサーなどを含み、機械の動きを監視し評価するために利用されます。これらのデバイスは、モーターやエンジンの動作速度を測定し、設定された範囲内で動作していることを確認するために使用されます。

振動測定器

機械の振動を検出し分析するために使用されます。振動分析は、ベアリングの不具合やバランスの取れていない回転部品など、機械の問題を早期に識別するのに非常に有用です。

力とトルク測定器

力センサーや**トルクレンチ**などを含み、機械やアセンブリ（組み立て）の力とトルクを測定するために使用されます。力センサーは、機械の動作中に発生する力を測定し、トルクレンチはボルトやナットの締め付けトルクを測定するために使用されます。

これらの計測器を適切に使用することで、機械保全の専門家は機械の状態と動作を正確に評価し、必要な保全活動を計画し実行することができます。それぞれの計測器は、機械の様々な状態を評価し、機械の健康状態を維持し、潜在的な問題を早期に特定するのに重要な役割を果たします。

▼各種測定器の用途と特徴（表9-1-1）

測定器の種類	測定対象	特徴・用途
寸法測定器	機械部品の寸法	ノギスは外寸、内寸、深さを測定。マイクロメータは外径や厚さの精密測定に使用。
温度計測器	機械・システムの温度	温度センサーは連続的な温度監視に、赤外線温度計は非接触での温度測定に使用。
圧力計測器	流体の圧力	圧力ゲージはシステムの圧力を確認、電子的な圧力センサーはデータロギングやリモートモニタリングに利用。
速度と回転数測定器	モーターやエンジンの速度	タコメータや速度センサーは動作速度の測定と監視に使用。
振動測定器	機械の振動	振動分析により、機械の問題を早期に識別するために使用。
力とトルク測定器	力とトルク	力センサーは動作中の力を測定、トルクレンチは締め付けトルクを測定するために使用。

COLUMN 機械診断技術

機械診断技術は、工業設備や機械の健全性を評価し、故障を予防するための重要な手段です。この技術は、機械の動作中に発生する振動、音、温度などのデータを収集し、それらの変化を分析することで、故障の兆候を早期に検出します。例えば、異常な振動や音は、ベアリングの損傷やバランスの不良を示す可能性があります。最新の診断技術では、センサーを利用してこれらのデータをリアルタイムで収集し、人工知能（AI）や機械学習を駆使してデータを分析することが増えています。これにより、故障の原因をより正確に特定し、計画的なメンテナンスを実施することが可能になります。また、これらの技術の進歩により、機械のダウンタイムを減少させ、生産性を向上させることができます。機械診断技術は、設備の長寿命化やコスト削減にも寄与し、製造業をはじめとする多くの産業において不可欠な役割を果たしています。しかし、その効果を最大限に引き出すためには、適切なセンサーの選定、データの正確な収集と分析、そして専門知識を持った技術者の存在が必要です。機械診断技術は、これらの要素を組み合わせることで、その真価を発揮するのです。

9-2 計測器の基本原理

計測器の背後には様々な原理や技術が組み込まれており、これらを正しく理解することで、より正確で信頼性の高い計測を行うことができます。

センサーとトランスデューサー

計測器を理解するためには、まずその核心である**センサー**の役割を理解する必要があります。センサーは環境や物体からの情報を受け取り、この情報を信号として出力します。しかし、この信号は計測器が解釈するのに適していないことがあります。ここで**トランスデューサー**が役立ちます。トランスデューサーは、センサーからの信号を計測器が解釈しやすい形に変換する役割を果たします。

アナログとデジタル

信号には大きく分けて、アナログとデジタルの2つの形式が存在します。**アナログ信号**は、実世界の多くの現象（例えば、温度や圧力）のように、連続的に変動するものです。一方、**デジタル信号**は離散的な値に変換されます。これにより、コンピューターやデジタル機器はデジタル信号を元に動作します。そして、アナログからデジタルへの変換には**A/D変換器**が使用されます。

精度、精密性、再現性

計測器の性能を評価する際には、3つのキーワード、**精度**、**精密性**、**再現性**が中心となります。精度は計測値が真の値にどれだけ近いかを示すもの、精密性は複数回の計測の一貫性を示すもの、そして再現性は異なる条件下での計測結果の一致性を示すものです。一般的な計測器の性能表を表9-2-1に示します。

▼計測器の性能評価（表9-2-1）

計測器の性能	詳細説明
精度	計測器が示す計測値が実際の真の値または受け入れられた基準値にどれだけ近いかを定量的に示す指標。高精度の計測器は、真の値に非常に近い計測値を提供する。
精密性	同一の条件下で同じ対象を複数回計測した際の計測値の一貫性や変動の小ささを示す指標。計測値が互いに非常に近い場合、その計測器は高い精密性を持つといえる。
再現性	異なる条件下、例えば異なる時間、異なるオペレーター、異なる計測器を使用した場合においても、計測結果がどれだけ一致するかを示す指標。高再現性は、異なる条件下でも一貫した計測結果が得られることを意味する。

計測器の誤差の調整

長期間計測器を使用していると、誤差が生じることが考えられます。このような誤差を定期的にチェックし、正確な計測を保証するために調整を行うプロセスが**キャリブレーション（校正）**です。キャリブレーションは、計測器の信頼性と正確さを維持するための不可欠な手段となっています。

COLUMN 機械保全におけるデータ記録

機械保全におけるデータ記録は、設備の健全性と効率的な運用を確保するための重要なプロセスです。この記録には、機械の運用状況、メンテナンス履歴、故障発生の頻度と原因、交換された部品の情報などが含まれます。これらのデータを正確に収集し分析することで、将来的な故障を予測し、予防保全を計画することができます。また、長期的なデータ収集により、特定の機器の耐用年数や性能の変化を理解することが可能になり、効果的な資産管理が行えます。最近では、センサー技術の進歩により、リアルタイムでのデータ収集が可能になり、より高度な分析と迅速な対応が実現しています。データ駆動型の機械保全は、ダウンタイムの削減、効率向上、コスト削減に寄与し、企業の競争力を高める要素となっています。しかし、このシステムを最大限に活用するためには、データの正確性とアクセスのしやすさが不可欠です。そのため、適切なデータ管理と分析技術の導入が、機械保全の効率化において重要な鍵となります。

9-3 各種の計測器とその特性

機械を測定する計測器は、それぞれ特有の特性や適用範囲を持っており、正確な計測や監視のための不可欠なツールとして利用されています。

圧力計測器の特性

圧力計測器は、ガスや液体の圧力を監視・計測するための装置です。

マニフォールドゲージ：多くの冷凍サイクルの診断や保守作業で使用されます。低圧側と高圧側のゲージを持つことが一般的で、冷媒の圧力を直接読み取ることができます。

ピエゾレジスティブセンサー：圧力変化を電気信号に変換するセンサー。構造的な変形を伴う素材（通常は半導体）に発生する抵抗変化を利用して圧力を計測します。

温度計測器の特性

機械の動作中には、部品や流体の温度が上昇・下降することがあります。

サーモカップル（熱電対）：2つの異なる金属または合金を接続することで発生する電圧を温度に変換します。非常に広い温度範囲で使用することができます。

RTD（抵抗温度検出器）：金属（通常はプラチナ）の抵抗が温度に応じて変化する性質を利用して温度を計測します。高精度で安定した測定が可能ですが、サーモカップルに比べて測定範囲が狭いことが一般的です。

流量計測器の特性

流体の流れを正確に測定することは、多くの産業プロセスにおいて重要です。

タービンフローメーター：流れる液体やガスの速度によってタービンを回転させ、その回転数から流量を計算します。

電磁流量計：流体の導電性を利用して流量を計測します。電極と磁場を利用し、流れる流体に起因する電圧の変化から流量を決定します。

振動計測器の特性

機械の異常や寿命を予測するための重要な指標として振動が挙げられます。

加速度センサー：振動や衝撃を電気信号に変換するセンサーです。機械の振動や動きの異常を早期に検出するのに役立ちます。

振動計：機械や建造物の振動を計測する装置。振動の大きさや頻度を測定し、これを基に機械の健康状態や安全性を評価します。

▼産業用計測器の種類と特性（表9-3-1）

名称	特性	用途
マニフォールドゲージ（圧力）	低圧側と高圧側のゲージを持ち、冷媒の圧力を直接読み取る。	冷凍サイクルの診断や保守作業
ピエゾレジスティブセンサー（圧力）	圧力変化を電気信号に変換し、抵抗変化を利用して圧力を計測。	様々な圧力測定
サーモカップル（温度）	2つの異なる金属を接続し、発生する電圧を温度に変換。	広い温度範囲の測定
RTD：抵抗温度検出器（温度）	金属の抵抗変化を利用して温度を計測。	高精度で安定した温度測定
タービンフローメーター（流量）	液体やガスの速度によってタービンを回転させ、回転数から流量を計算。	流体の流量測定
電磁流量計（流量）	流体の導電性を利用し、電極と磁場で発生する電圧変化から流量を決定。	導電性流体の流量測定
加速度センサー（振動）	振動や衝撃を電気信号に変換。	機械の振動や動きの異常検出
振動計（振動）	振動の大きさや頻度を測定し、機械の健康状態や安全性を評価。	機械や建造物の振動測定

9-4 計測器の選定と保守

機械保全の実施において、計測器の選定は重要なプロセスとなります。

選定の基準

選定の基準は、主に計測器の精度、耐久性、およびコスト効率に依存します。計測器は、機械の性能を確認し、必要なメンテナンス作業を識別する基本的なツールです。したがって、適切な計測器の選定は、機械の信頼性と効率を保つために不可欠です。特に、計測器の選定にあたっては、その精度と測定範囲、さらには使用環境の条件を検討する必要があります。

▼計測器選定のための基準（表9-4-1）

選定基準	詳細説明
精度	計測器がどれだけ正確に測定値を提供できるかを示す。高精度の計測器は、機械の性能を正確に評価し、適切なメンテナンスを行うために必要である。精度は、機械の信頼性と効率を維持する上で重要な要素。
耐久性	計測器が物理的な摩耗や環境条件にどれだけ耐えることができるかを示す。耐久性の高い計測器は、長期間にわたってその精度を保ち続けることができ、頻繁な交換や修理の必要性を減らす。
コスト効率	計測器の購入コストと運用コストを考慮した上で、その機能と性能が価格に見合っているかを評価する。コスト効率のよい計測器は、初期投資だけでなく、長期的な運用コストも考慮した選択。
測定範囲	計測器が対応できる測定値の最小値と最大値。使用する機械やプロセスに応じて、適切な測定範囲を持つ計測器を選ぶことが重要。
使用環境の条件	計測器が使用される環境の温度、湿度、振動、汚染度などの条件に適応できるかを示す。これらの条件は計測器の性能に影響を与える可能性があるため、選定時には使用環境を考慮する必要がある。

計測器の校正と保守

計測器の**校正**は、その精度と信頼性を確保するために重要です。校正作業は定期的に実施し、計測器が正確なデータを提供していることを確認する必要があります。また、計測器の**保守**も重要な作業であり、これにはクリーニング、必要に応じた修理、および交換が含まれます。保守作業を適切に行うことで、計測器の寿命を延ばし、機械の全体的な性能と効率を向上させることができます。

計測データの記録と管理

計測データの適切な記録と管理は、保全作業を効率的に行い、さらには将来の問題を予測し、防止するために重要です。計測データは、機械の性能と状態を理解し、保全計画を適切に立てるための基盤となります。このデータを適切に記録し、整理し、分析することで、機械の効率と信頼性を向上させ、計画的な保全活動を支援することができます。また、計測データの管理には適切なソフトウェアツールを使用することが推奨されます。これにより、データの追跡と分析が容易になり、保全作業の効率と効果性が向上します。

器具の精度は機械保全の心臓部

計測器は常に校正され、正確でなければなりません。使用する前には、常に器具の精度を確認し、不確実性を最小限に抑えるための手順を守りましょう。

9-5 計測器を用いた診断技術

計測器を用いた診断技術は、機械の健全性や性能を維持するための重要なツールです。定期的な監視や分析を行うことで、予期しない故障や停止を防ぐことができます。

振動分析による異常診断

振動分析は、機械に異常が生じた場合、機械の振動パターンには特定の変化が現れることを利用して機械の状態を診断する技術です。

スペクトラム分析：振動のデータを取得し、様々な周波数での振動の強度を示すスペクトラムに変換します。これにより、特定の部品の問題や摩耗状態を特定することができます。例えば、ベアリングの損傷は特定の周波数での振動増加として現れることが多いです。

時間波形分析：振動の時間的な変化を直接観察することで、不規則な振動や衝撃を検出することができます。これは、大きな損傷や亀裂など、突発的な問題を示す可能性があります。

▼振動分析による異常診断の手法と適用例（表9-5-1）

分析手法	目的	方法の説明	適用例
スペクトラム分析	特定の周波数での振動の強度を分析し、部品の問題や摩耗状態を特定する。	振動データを周波数成分に分解し、それぞれの成分の振動強度をグラフ化する。これにより、異常な振動を特定の部品や状態に関連付けることができる。	ベアリングの損傷は、その特有の周波数で振動が増加することにより検出される。これは、ベアリングの内部または外部のリングに特有の周波数があるため。
時間波形分析	振動の時間的な変化を捉え、不規則な振動や衝撃を検出する。	振動信号を時間軸に沿ってプロットし、振動の形状やパターンを分析する。これにより、周期的でない変化や突発的な衝撃を検出することが可能になる。	機械の大きな損傷や亀裂は、時間波形分析により突発的な振動変化として現れる。これは、機械の動作中に予期せぬ衝撃が発生したことを示す。

熱画像診断技術

熱の異常は、多くの機械的な問題を示唆します。**熱画像カメラ**を使用すると、これらの異常を視覚的に捉えることができます。

部品の摩耗：摩耗した部品は、摩擦により異常に高温になることがあります。定期的に熱画像を撮影し、高温部分を特定することで、摩耗部品を早期に交換することができます。

電気的な問題：電気回路やモーターなど、電気的な部品も熱画像診断の対象となります。接触不良や過負荷など、電気的な問題が生じると部品が過度に熱くなることがあります。

▼熱画像診断技術を用いた機械部品と電気系統の問題検出の詳細（表9-5-2）

診断技術	検出対象	方法の説明	適用例	利点
熱画像診断	部品の摩耗	熱画像カメラを使用して機械の各部品の表面温度を非接触で測定し、熱分布を画像で表示。異常な熱パターンを検出することで、摩擦による過剰な熱を発する部品を特定する。	摩耗により異常に高温になる部品を定期的にチェックし、熱画像で高温部分を特定して早期に交換する。	・非破壊検査であり、機械の稼働を停止させずに測定可能。 ・予防保全により、大規模な修理や機械の故障を未然に防ぐことができる。
熱画像診断	電気的な問題	電気回路やモーターの熱画像を撮影し、温度異常がある部分を特定する。熱画像は、電気的な問題による異常な熱を視覚化し、問題のある部分を即座に識別する。	接触不良や過負荷が原因で過熱する電気部品を熱画像で検出し、修理や交換を行う。	・電気的な問題が引き起こす火災などのリスクを低減。 ・設備のダウンタイムを最小限に抑えながら、安全かつ迅速に問題を診断できる。

流量と圧力のモニタリング

流量と圧力の異常は、システムの健全性を示す重要な指標です。

ポンプの診断：ポンプの性能低下や故障は、流量や圧力の変動として現れることが多いです。例えば、インペラの摩耗や密封の漏れは、流量の低下や圧力の不均等を引き起こすことがあります。

バルブの状態確認：バルブの開閉状態やシールの状態は、圧力計測器を用いて確認することができます。バルブの漏れや不完全な閉鎖は、圧力の変動や不規則な流量として現れます。

COLUMN 緊急メンテナンス

緊急メンテナンスは、予期せぬトラブルやセキュリティの脆弱性が発見された場合に、システムやネットワークの安定性とセキュリティを保つために行われます。通常、このようなメンテナンスは計画されていないため、利用者にとっては突然のサービス中断となることが多いです。しかし、長期的な安全性を確保するためには必要不可欠な措置です。緊急メンテナンスの際には、管理者は迅速に問題を特定し、修正を行う必要があります。また、利用者に対しては、メンテナンスの理由と復旧の見込み時間に関する情報を透明に提供することが望まれます。これにより、利用者の不便と不安を最小限に抑えつつ、サービスの信頼性を維持することができます。緊急メンテナンスは、デジタル時代におけるサービス提供の重要な側面の一つであり、適切な対応が求められています。

9-6 トラブルシューティング

本節はトラブルシューティングの実践的な手法について、詳細かつ具体的な情報を提供し、読者が機械保全の知識を深め、実務で適用する能力を向上させましょう。

トラブルシューティングへの対応

まず問題の特定から始まります。計測器を使用して機械をモニタリングし、異常を検出することが重要です。異常が検出された場合、原因を特定し、解決策を考えます。その後、選択した解決策を実施し、再度計測器を使用して機械をモニタリングし、問題が解決されたことを確認します。このプロセスを通じて、機械の効率と性能を向上させることができます。

実例

過去に発生した実際のケーススタディを紹介します。

- **機械の振動レベルの異常**

ある製造工場で、定期的な保守チェックの際に、一部の機械の振動レベルが通常よりも高いことが検出されました。振動分析計測器を使用してデータを収集し、解析した結果、特定の軸受に問題があることが判明しました。この情報に基づき、工場のメンテナンスチームは軸受を交換し、振動レベルが通常の範囲に戻ったことを確認しました。このケーススタディは、計測器を使用して診断とトラブルシューティングを行うことで、機械の問題を効果的に解決し、生産性を維持する方法を示しています。

- **温度異常の特定と対処**

ある製造ラインで、特定のモータの運転中に温度が異常に高くなる問題が発生しました。計測器である赤外線サーモグラフィーを用いてモータとその周辺部の温度をモニタリングしたところ、特定の部分に過剰な熱が発生していることが判明しました。これにより、冷却システムの不具合が明らかになり、修理と保守が迅速に行われ、問題が解決しました。

• 電流異常の診断と修正

電力計測器を使用して定期的に電流をモニタリングしていた工場で、ある機械の電流が突然増加したことが検出されました。詳細な診断を行った結果、モータの電源供給に問題があることが明らかとなりました。適切なトラブルシューティングと修理のあと、機械の電流は正常に戻り、機械の性能も復旧しました。

• 油圧システムの異常診断

油圧計測器を利用し、油圧システムをモニタリングしていたある工場で、油圧の低下が報告されました。システム全体の検査を行ったところ、一部の油圧ホースに漏れが発見されました。この漏れは速やかに修復され、システムの油圧は正常に戻りました。

これらの実例は、機械の計測器を用いた診断とトラブルシューティングの重要性を強調しています。正しい計測器を使用し、適切な手順で診断とトラブルシューティングを行うことで、機械の性能を維持し、生産性を向上させることができます。また、これらの実例は、いかに計測器が機械保全において重要であるかを明示し、実務において遭遇する可能性のある典型的な問題とその解決策を提示しています。

COLUMN トラブルシューティング

トラブルシューティングは、問題の根源を特定し、効果的に解決するプロセスです。これは、日常生活から専門的な作業まで幅広い分野で重要です。問題が発生した場合、まずは冷静に状況を把握し、関連する情報を集めます。次に、可能性のある原因を特定し、それぞれに対して適切な解決策を考えます。この段階では、経験や専門知識が役立ちますが、創造的思考も重要です。一つの解決策に効果がなければ、別のアプローチを試みます。トラブルシューティングの鍵は、柔軟性と忍耐です。問題解決には時間がかかることもありますが、段階を追って丁寧に対応することで、ほとんどの問題は解決できます。最終的には、このプロセスを通じて得られた知見は、将来同様の問題に直面した時の重要な参考となります。

9-7 計測器の安全な使用と管理

機械保全の任務は設備の機能を維持し、機械の寿命を延ばすことにあるが、これらの目標は計測器の安全かつ適切な使用なしには達成できません。本節では、計測器の安全使用ガイドライン、人的要因とトレーニング、および安全基準と規制に焦点を当て、それぞれの重要性と実装について詳しく理解しましょう。

計測器の安全使用ガイドライン

計測器の安全使用は、作業者の安全と機械の正確な診断を確保するために不可欠です。例えば、電気計測器を取り扱う際には、適切な絶縁材料を使用し、電流の流れを確認する前に機器を適切にグラウンドする（機器の基準となる電位をそろえる操作）ことが重要です。また、計測器の選定は、対象となる機械の特性や診断が必要な問題の種類に基づいて慎重に行うべきであり、計測器の取扱説明書と安全指南を読み、理解することも重要です。

機械保全における人的要因とトレーニング

人的要因は機械保全の成功に直接影響を与えます。保全作業者は、計測器の使用方法、機械の構造、および保全作業の基本的な知識を持っている必要があり、これは適切な**トレーニング**を通じて達成されます。例えば、新入社員に対する基本的な機械保全トレーニングや定期的なリフレッシャートレーニングを実施することで、作業者の能力を向上させ、作業中のミスを減らすことができます。

安全基準と規制

各国または地域における**安全基準**と**規制**は、計測器の使用と管理のプロセスを規定し、作業者の安全と機械の保全を保証するための枠組みを提供します。例えば、電気計測器の使用に関する規制は、電気ショックや火災のリスクを軽減し、計測器の正確な使用と保守を促進する。これらの基準と規制を知り、遵守することは、機械保全の効果的な実施と作業者の安全の確保に不可欠です。

これらの要素は連携して機械保全プロセスを支え、機械の信頼性と効率を高めます。そして、計測器の安全な使用と管理に焦点を当てることで、機械のダウンタイムを減らし、作業者の安全を確保し、全体的な生産性を向上させることができます。

機械保全の専門家や作業者は、これらのガイドラインとベストプラクティスを理解し、日々の保全作業に適用することで、設備の効率と寿命を向上させることができます。また、安全基準と規制を遵守することで、作業の安全性を確保し、法律的責任を避けることも可能となります。計測器の安全使用と管理は、効果的な機械保全プログラムの根幹をなす要素であり、その重要性は十分に強調されるべきです。計測器の適切な選定、適切なトレーニング、法律や規制の遵守は、機械の高い性能を保ちながら、作業者と設備の安全を保障するために重要です。

本節で示される知識とガイドラインは、機械保全の新人技術者や経験豊富なプロフェッショナルの両方にとって有用なリソースとなることを期待しています。それにより、読者は計測器の安全な使用と管理に関する基本的な理解を深め、実際の保全作業においてこの知識を適用する能力を向上させることができるでしょう。そして、最終的には機械保全の効果と効率を向上させることに貢献することができます。

COLUMN 機械保全における計測器

機械保全は、産業機械の性能を維持し、故障を未然に防ぐために不可欠なプロセスです。この分野では、計測器が重要な役割を果たします。計測器は、機械の動作に関わる様々なパラメーターを監視し、データを提供します。これにより、保全担当者は機械の状態を正確に把握し、必要に応じてメンテナンスや修理を行うことができます。例えば、振動計は異常な振動を検出し、機械の故障の早期発見に役立ちます。また、温度計や圧力計なども、機械の健全性を監視するのに用いられます。これらの計測器は、機械の故障が重大な問題を引き起こす前に対処するために、予測保全の戦略の一環として非常に重要です。定期的な計測とデータ分析により、機械の寿命を延ばし、生産性を高めることができます。したがって、機械保全と計測器は、産業機械の効率的で安全な運用に不可欠な要素です。

試験対策問題

問1

外側マイクロメータを格納するときは、アンビルとスピンドルを密着させておく。

解答：誤り

解説：測定しないときには、アンブルとスピンドルの間にわずかにすきまを開けておきます。密着させておくと、熱膨張などで熱応力が生じてマイクロメータの測定精度悪化や破損に繋がります。

問2

水準器は、水平面や鉛直面に対する傾きを測定する器具である。

解答：正しい

解説：水準器は、水平面や、鉛直面に対する傾きを測定する器具です。

問3

金属の硬さを計る方法に、ロックウェル硬さ試験がある。

解答：正しい

解説：ロックウェル硬さ試験は、金属の硬さを測定する方法です。主な硬さ試験の方法は次のとおりです。

▼主な硬さ試験法

ロックウェル硬さ	圧子を試験片に押し付け、試験片表面に生じた圧痕の「深さ」から硬さを求める
ビッカース硬さ	ダイヤモンド製の四角錐の頂点を試験片に押し付け、圧痕の「表面積」から硬さを求める
ブリネル硬さ	球形の圧子を試験片に押し付け、圧痕の「表面積」から硬さを求める
ショア硬さ	おもりを試験片に落下させ、おもりが跳ね返った「高さ」から硬さを求める

問4

熱電対は、電気抵抗の変化を利用して温度を測定するものである。

解答：誤り

解説：熱電対は、2つの異なる金属を接続して閉回路をつくり、両接点に温度差を与えると、金属の間に起電力が発生することを利用して温度を計測する温度計です。

Memo

Chapter 10

機械に生じる欠陥への対策

本章では、潤滑の重要性とその適切な管理を理解しましょう。潤滑油の選定、潤滑部位の清掃と保守、そして潤滑システムの監視と診断の方法を理解することで、機械の効率と寿命を向上させ、保全コストの削減を実現します。

10-1 潤滑のトラブル

潤滑のトラブル対策では、適切な潤滑油を選定し、定期的な交換や、潤滑部位の清掃と保守を行うことで、早期の問題を特定すると共に、予防メンテナンスを実施します。

潤滑油の選定と交換

潤滑油の選定は機械の種類、動作環境、負荷条件に基づいて行われます。重要なパラメーターには、粘度、粘度指数、摩擦係数、耐摩耗性、耐酸化性、耐熱性などがあります。

潤滑油の主要な役割は、摩擦の低減、摩耗の防止、冷却、密封、および汚染物質の除去です。これらの要件を満たす潤滑油を選定することが重要です。潤滑油の選定時には、メーカーの推奨を参考にするとよいでしょう。また、過去の経験や他の類似機械の潤滑油選定の実績も役立つ場合があります。

潤滑油は劣化や汚染すると性能が低下するため、定期的に交換する必要があります。交換のタイミングは、潤滑油のサンプル分析、機械の動作条件、およびメーカーの推奨に基づいて決定されます。潤滑油の交換時には、システムを適切に洗浄し、旧油を完全に排出し、新油を正しいレベルまで補充することが重要です。潤滑油の選定と交換について、表10-1-1に示します。

▼潤滑油の選定と交換（表10-1-1）

カテゴリ	詳細
選定の基準	機械の種類、動作環境、負荷条件に基づく
重要なパラメーター	粘度、粘度指数、摩擦係数、耐摩耗性、耐酸化性、耐熱性など
潤滑油の役割	摩擦の低減、摩耗の防止、冷却、密封、汚染物質の除去
選定の参考	メーカーの推奨、過去の経験、他の類似機械の実績
交換の必要性	劣化や汚染による性能低下を防ぐため
交換のタイミング	潤滑油のサンプル分析、動作条件、メーカーの推奨に基づく
交換作業のポイント	システムの洗浄、旧油の排出、新油の正しいレベルまでの補充

潤滑部位の清掃と保守

潤滑部位の清掃は、油中の汚染物質や異物を除去することで、摩耗や故障のリスクを減らします。これには、フィルターの交換や洗浄、油路のフラッシング、潤滑点の清掃などが含まれます。

潤滑部位の保守は、定期的な検査と必要に応じての補充や交換を含みます。また、シールやガスケットの検査および交換も重要であり、これにより油漏れや汚染物質の侵入を防ぐことができます。

潤滑システムの監視と診断

潤滑システムの状態を監視するためには、定期的な**潤滑油分析**が有効です。これにより油の劣化や汚染状態、摩耗粒子の存在などを確認できます。

潤滑システムの診断には、振動分析、熱画像、音響エミッション分析などの技術が利用されます。これらの技術を利用することで、早期に摩耗や故障の兆候を発見し、予防メンテナンスの措置を講じることができます。

これらの対策は、機械の故障を防ぎ、生産性を向上させ、保守コストを削減するために非常に重要です。潤滑管理は、機械保全の基本的な側面であり、効果的な潤滑管理プログラムは、機械の寿命を延ばし、運用コストを削減することができます。

適切な潤滑と清掃を忘れずに

予防保守が最善の対策です。定期的なメンテナンス計画を立て、機械の状態を常に最適に保ちましょう。

10-2 漏れの対応

漏れ対応においては、まず漏れの原因を特定し、適切なシールやガスケットを選定して交換します。定期的な検査と予防メンテナンスを実施し、必要に応じて設計改善を通じて漏れのリスクを低減します。これらの措置は機械の効率、安全性を保ち、保全コストを削減する助けとなります。

漏れの原因と特定

漏れの原因は多岐にわたります。材料の劣化は、特にゴムやプラスチック製のシールやガスケットにとって一般的な問題です。また、高温や高圧、振動、または不適切なインストールが漏れを引き起こす可能性があります。漏れの特定は、状況を理解し、対処するための最初のステップです。漏れの位置を見つけるためには視覚的検査、触覚、聴覚検査を行い、漏れ検知装置を利用することもあります。

シールとガスケットの選定と交換

シールと**ガスケット**の選定は非常に重要で、適切な材料、サイズ、および形状が必要です。シールとガスケットは、機械の動作環境（温度、圧力、化学的な暴露など）に耐えることができる材料から選択する必要があります。シールやガスケットの交換は一般的なメンテナンスタスクで、劣化や損傷が見られる場合や漏れが発生した場合には実行する必要があります。交換作業では、部品の取り付け面をきれいにし、新しいシールやガスケットを正確に配置し、適切なトルクで固定することが重要です。シールとガスケットの選定と交換について表10-2-1に示します。

▼シールとガスケットの選定と交換（表10-2-1）

カテゴリ	詳細
選定の重要性	適切な材料、サイズ、および形状の選定が必要。
材料の選択基準	機械の動作環境（温度、圧力、化学的な暴露など）に耐えることができる材料から選択。
交換の必要性	劣化や損傷が見られる場合や漏れが発生した場合に実行。
交換作業のポイント	部品の取り付け面をきれいにし、新しいシールやガスケットを正確に配置し、適切なトルクで固定。

漏れ防止技術

漏れの早期発見と対処のために、定期的な検査を行い、適切な保守と修理を実施します。シールやガスケットの予定された交換やルーブリカントの適切な適用など、予防メンテナンス措置を実施します。改善されたシールデザインの採用、減圧バルブの使用、または流体系の再設計など、漏れの可能性を減らすための設計変更が含まれることがあります。

小さな異常を見逃さない

定期的な検査で早期に問題を発見し、迅速な修理や調整で大きなトラブルを防ぎましょう。

COLUMN 機械の寿命

機械の寿命は、使用方法や保守管理の仕方に大きく左右されます。例えば、定期的なメンテナンスを怠ると、故障のリスクが高まり、機械の寿命は著しく短くなる可能性があります。また、製造時の品質も寿命に影響します。高品質な素材や部品を使用し、適切な設計がされている機械は、一般的に長持ちします。しかし、機械の寿命には自然な限界があり、いずれは交換やアップグレードが必要になります。技術の進歩も機械の寿命に影響を与える側面があります。新しい技術が導入されると、古い機械は時代遅れになり、交換が必要になることが多いです。したがって、機械の寿命は物理的な耐久性だけでなく、その時代の技術的な要求にも影響されることになります。

10-3 腐食の対応

腐食のメカニズムと種類に焦点を当て、腐食防止材料とコーティングの重要性を説明しています。さらに、腐食のモニタリングと評価の方法を通じて、腐食の進行を追跡し、適切な保守および修復措置を計画する重要性を強調しています。これにより、機械の寿命と性能を向上させ、機械保全の効率を最適化することが可能になります。

腐食のメカニズムと種類

腐食は、主に金属と環境との化学的または電気化学的反応によって引き起こされます。**化学腐食**は、金属と環境中の物質との直接的な化学反応によって起こります。**電気化学的腐食**は、電子の移動を伴う反応であり、通常は水や他の電解質の存在下で起こります。腐食の種類は多岐にわたり、例えば一般腐食、ピッチング腐食、クレビス腐食、応力腐食割れなどがあります。それぞれの腐食形式は異なる腐食メカニズムを持っており、したがって異なる防止策と対処法が要求されます。

腐食防止材料とコーティング

腐食を防ぐ主な方法の１つは、**耐腐食材料**の選択と**表面コーティング**の適用です。耐腐食材料は、自身の化学的特性によって腐食を抵抗または遅らせることができます。また、表面コーティングは、金属部品を環境から隔離し、腐食物質の侵入を防ぐことで腐食を防ぎます。コーティングの例としては、ペイント、ガルバニックコーティング（電気メッキ）、特殊な防腐食コーティングなどがあります。

腐食のモニタリングと評価

腐食のモニタリングは、機械や構造体の状態を定期的に確認し、腐食の進行を評価するプロセスを含みます。視覚検査、厚み測定、または特定の腐食モニタリング技術を使用して、腐食の進行を追跡し、その影響を評価することが重要です。この情報は、必要な保守活動や修復措置を計画し、機械の寿命と性能を維持するために使用されます。

機械からのサインに反応する

機械の性能低下や異音は欠陥のサインです。これらの兆候に敏感に反応し、原因を追究することが重要です。

COLUMN 腐食と機械保全

機械保全の世界では、**腐食**は避けられない課題の1つです。腐食とは、金属やその他の材料が化学反応によって劣化する現象を指し、特に金属部品においては、その性能や寿命に大きな影響を与えることがあります。腐食の原因は多岐にわたります。

化学的腐食は、金属が酸素や水と反応して錆びる現象で、特に湿度が高い環境や海水など塩分を含む環境では顕著に現れます。また、異なる金属が接触することによる**電気化学的腐食**も一般的です。これは、異なる金属間で電位差が生じ、一方の金属が犠牲になって腐食する現象です。

腐食は、機械の性能低下や故障の原因となるだけでなく、安全上のリスクも伴います。例えば、腐食によって機械の部品が弱くなり、最終的には破損や事故につながる可能性があります。したがって、機械保全においては、腐食の予防と管理が非常に重要です。

腐食の予防には、適切な材料の選択、保護コーティングの使用、環境制御などがあります。また、定期的な検査とメンテナンスによって、腐食の初期段階での発見と対処が可能となります。機械保全の専門家は、これらの対策を適切に実施することで、機械の寿命を延ばし、性能を維持し、安全を確保することができます。

腐食は避けられない現象かもしれませんが、適切な予防と管理によって、その影響は最小限に抑えることができます。機械保全の専門家は、腐食に対する知識と対策を常に更新し、最新の技術を取り入れることが求められます。

10-4 加熱と破損の対応

加熱の原因と影響を理解し、材料の選定と冷却システムを通じてこれらの問題を対処する方法について説明しています。さらに、機械の破損分析と、その対策についても詳細に解説しています。これらの知識は、機械の寿命を延ばし、その性能を維持または向上させるために重要です。

加熱の原因と影響

機械の動作中に発生する**加熱**は、摩擦、不適切な冷却、過負荷、または設計の欠陥など、多くの原因によるものがあります。加熱は、機械部品の磨耗を速めたり、材料の構造的強度を減少させたり、潤滑油の効果を減少させたりする可能性があります。これらの結果は、機械の寿命を縮め、突然の機械故障を引き起こす可能性があります（表10-4-1）。

▼機械の加熱原因とその影響（表10-4-1）

カテゴリ	詳細
加熱の原因	摩擦、不適切な冷却、過負荷、設計の欠陥など。
加熱の影響	機械部品の磨耗を速める、材料の構造的強度を減少させる。潤滑油の効果を減少させる。
結果	機械の寿命を縮め、突然の機械故障を引き起こす可能性がある。

材料の選定と冷却システム

加熱問題を対処する基本的な方法は、**耐熱材料**の選定と効果的な**冷却システム**の導入です。耐熱材料は、高温においてもその性能を維持する能力を持っています。冷却システムは、機械の動作中に発生する熱を効果的に除去することができます。冷却システムには、空冷、水冷、油冷などがあり、それぞれの利点と欠点があります。

破損の分析と対策

機械の**破損**は、材料の劣化、構造的欠陥、過負荷、または外部の衝撃など、様々な原因により発生する可能性があります。破損の分析は、破損の原因を特定し、再発を防ぐための対策を策定するために不可欠です。破損分析には、視覚的検査、材料テスト、および計算解析などが含まれる場合があります。対策は、適切な材料の選定、設計の改善、および適切な保守手順の導入を含むことができます。

COLUMN 最新技術と機械保全

機械保全の領域において、最新技術の導入は画期的な進展をもたらしています。その中心には、**人工知能**（AI）の活用があります。AIによるデータ分析は、機器の故障を予測し、計画的なメンテナンスを可能にすることで、生産性の向上に大きく寄与しています。この技術は、故障する前に機器の異常を検知し、修理や交換の必要性を事前に警告することで、予期せぬダウンタイムを減少させます。さらに、インターネット・オブ・シングス（IoT）技術の統合により、機器はリアルタイムでのパフォーマンス監視が可能になり、保全作業がより迅速かつ正確になります。IoTデバイスは、温度、振動、圧力などの重要なパラメータを継続的に追跡し、異常が発生した際にすぐに通知します。これにより、保全チームは問題が小さなうちに介入し、大規模な故障や生産への影響を防ぐことができます。また、これらの進化はリモート監視と診断を容易にし、専門家が物理的に現場にいなくても、機器の状態を評価し、遠隔から問題を解決できるようになりました。この柔軟性は、特に広範囲にわたる設備やアクセスが困難な場所での保全において大きなメリットを提供します。これらの技術革新は、単に機械の故障を減らすだけでなく、全体的な設備の健全性を維持し、長期的な運用コストの削減に寄与しています。最新技術を活用することで、機械保全はより効率的で、予測可能で、持続可能なものへと変化しているのです。

10-5 振動と騒音の対応

機械の振動と騒音の問題を解析し、それらの問題を軽減または解決するための技術と方法に焦点を当てています。振動と騒音の制御は機械保全の重要な側面であり、これに対処することで機械の寿命を延ばし、作業環境を改善し、最終的には機械の全体的な性能と安全性を向上させることができます。

振動の原因と影響

機械の**振動**は多くの原因から生じることがあり、ローターや軸の不均衡、ベアリングの欠陥、調整不良、または構造的な欠陥などが挙げられます。これらの振動は、部品の早期の劣化や破損、性能の低下、そして異常な磨耗を引き起こす可能性があります。さらに、振動は人間にとっても不快であり、作業者の健康に悪影響を与える可能性があります。

振動測定と分析

振動の問題を理解し、対策を講じるには、振動の測定と分析が不可欠です。**振動測定**は、加速度計やベロシメータを使用して、機械の振動レベルを定量化することができます。測定データは、振動の原因を特定し、機械の動的な挙動を理解するために分析されます。頻度分析は、特定の振動の源を特定するのに特に有用であり、それによってエンジニアは振動を減らすための対策を計画することができます。

騒音低減技術

騒音は主に機械の振動から生じ、その影響は作業者の健康と快適さに及びます。騒音低減技術は、吸音材料の利用、振動の源の隔離、または振動減衰技術の採用など、様々なアプローチによって提供することができます。これらの技術は、騒音源を特定し、減らし、または制御することで、作業環境を改善し、規制の遵守を支援します。

10-6 予防保全と定期検査

本節では、予防保全と定期検査の重要性を強調し、これらのプラクティス（演習）が機械の性能、安全性、および信頼性をいかに向上させるかに焦点を当てています。適切な予防保全と定期検査は、機械保全の成功に向けた基盤を築くために不可欠であり、その基本的な知識と実践的なアプローチを提供しています。

予防保全の重要性

予防保全は、機械の効率的な運用と長寿命を保証する基盤を形成します。このアプローチは、機械の故障や劣化が起こる前に適切な保守活動を行うことに重点を置いています。これにより、予期せぬダウンタイムと高額な修理作業を減らし、機械の全体的な性能と信頼性を向上させます。予防保全はまた、機械の安全性を高め、労働者の安全を保護する役割も果たします（表10-6-1）。

▼予防保全の重要性とその効果（表10-6-1）

カテゴリ	詳細
予防保全の重要性	機械の効率的な運用と長寿命を保証する基盤を形成する。
アプローチ	機械の故障や劣化が起こる前に適切な保守活動を行うことに重点を置く。
効果	予期せぬダウンタイムと高額な修理作業を減らし、機械の全体的な性能と信頼性を向上させる。
安全性	機械の安全性を高め、労働者の安全を保護する。

定期検査のスケジュールとプロトコル

定期検査は、予防保全プログラムの核心的な要素であり、機械の劣化や故障の早期発見に不可欠です。定期検査のスケジュールとプロトコルを適切に設定することで、機械の状態を正確にモニタリングし、必要な保守活動を計画的に実行することができます。検査プロトコルは、機械の種類や使用状況に応じて、適切な検査方法や頻度を明示し、効果的な予防保全を実施するための指南となります（表10-6-2）。

▼定期検査のスケジュールとプロトコル（表10-6-2）

カテゴリ	詳細
定期検査の役割	予防保全プログラムの核心的な要素であり、機械の劣化や故障の早期発見に不可欠。
スケジュールとプロトコル	機械の状態を正確にモニタリングし、必要な保守活動を計画的に実行するために適切に設定する。
検査プロトコルの重要性	機械の種類や使用状況に応じて、適切な検査方法や頻度を明示し、効果的な予防保全を実施するための指南。

保全計画の改善と更新

保全計画は動的なものであり、時と共に変化する機械の条件や経験に基づいて常に改善と更新が求められます。保全計画の改善と更新によって、過去のデータや新たな技術の導入を通じて、保全活動の効率を向上させ、機械の寿命をさらに延ばすことができます。このプロセスは、保全チームと機械オペレーター間のコミュニケーションを強化し、保全活動の知識と理解を共有することも重要です。

COLUMN 機械の振動

機械の振動は、工学や物理学の分野で広く研究されている現象です。振動は、機械が動作する際に生じる周期的な動きであり、多くの場合、望ましくない副作用として扱われます。しかし、振動を理解し、適切に管理することは、機械の効率的かつ安全な運用に不可欠です。機械の振動は、内部または外部の様々な要因によって引き起こされます。内部要因には、アンバランス、ミスアラインメント、摩耗などがあります。これらは、機械の部品が適切に整列していないか、摩耗によって形状が変化した結果生じます。外部要因としては、地震や風などの環境的影響が挙げられます。これらの要因は、機械の基礎や構造に影響を与え、振動を引き起こすことがあります。振動の影響は多岐にわたります。振動は機械の部品に過度のストレスを与え、摩耗や破損を早めることがあります。これにより、メンテナンスコストの増加や予期せぬダウンタイムが発生する可能性があります。振動は機械の性能にも影響を及ぼし、精度や効率の低下を引き起こすことがあります。さらに作業環境にも影響を与え、騒音や不快感を引き起こすことがあります。

10-7 診断技術とモニタリング

機械の健康状態を継続的にモニタリングし、診断することの重要性を強調し、データ分析を通じて機械の性能を最適化し故障を予測する方法を解説しています。これにより、保全プロフェッショナルは機械の信頼性を向上させ、効率的な保全戦略を開発し、組織全体の保全コストを削減することが可能となります。

機械の状態モニタリング

機械の状態**モニタリング**は、機械の健康状態を継続的または定期的に監視・評価し、潜在的な問題を早期に特定するプロセスです。これは機械の性能を維持し、未予期のダウンタイムを減らし、保全コストを削減する上で非常に重要です。温度、振動、音、およびその他のパラメータを測定するセンサー技術を利用して行われ、これらのデータを基に機械の動作状態を分析します。

診断技術の選定と実装

適切な**診断技術**の選定は、機械の特定のタイプと運用条件に基づいて行われる必要があります。利用可能な診断技術は多岐にわたり、それぞれが異なる情報を提供し、異なるタイプの問題を検出することができます。選定された診断技術の実装は、機械のモニタリングシステムを設定し、正確でタイムリーな情報を提供することで、早期の警告と予防保全活動を可能にします。

データ分析と故障予測

モニタリングと診断技術から得られるデータは、**データ分析**を通じて機械の健康状態とパフォーマンスを評価する基盤となります。データ分析とは、時系列分析、トレンド分析、およびパターン認識などの方法を利用して、機械の状態と潜在的な問題を理解することです。さらに、高度なデータ分析と機械学習技術を利用することで、機械の故障を予測し、保全活動を計画的にスケジュールすることが可能になります。**故障予測**は、リアクティブな保全からプロアクティブな保全へと移行する助けとなり、機械の全体的な信頼性と効率を向上させる重要な要素です。一般的な機械の健康状態モニタリングと診断技術について表10-7-1に示します。

▼機械の健康状態モニタリングと診断技術（表10-7-1）

キーポイント	詳細・説明
機械の状態モニタリング	機械の健康状態を継続的または定期的に監視・評価し、潜在的な問題を早期に特定するプロセス。
診断技術の選定と実装	機械の特定のタイプと運用条件に基づいて行われる。選定された診断技術の実装は、機械のモニタリングシステムを設定し、正確でタイムリーな情報を提供する。
データ分析と故障予測	モニタリングと診断技術から得られるデータを基に、機械の健康状態とパフォーマンスを評価。高度なデータ分析と機械学習技術を利用して、故障を予測する。

COLUMN 機械保全の経済的側面

機械保全の経済的側面は、その効果とコストのバランスに大きく依存します。適切な保全活動は、機器の長期的な性能を維持し、予期せぬ故障やダウンタイムを防ぐことで、企業の生産効率を高めます。これにより、製品の品質向上や納期の遵守が可能になり、顧客満足度の向上につながります。一方で、保全活動にはコストがかかります。これには、直接的な修理費用や部品の交換費用、専門技術者の人件費などが含まれます。しかし、計画的な保全は、長期的にはコスト削減につながります。予防保全は機器の寿命を延ばし、大規模な修理や全面的な交換の必要性を減少させるためです。また、最新の技術、特にIoTやAIの導入は、機械保全のコストをさらに最適化する可能性を秘めています。これらの技術は、機器のパフォーマンスをリアルタイムで監視し、小さな問題が大きな故障に発展する前に介入することを可能にします。結果として、保全作業はより効率的でタイムリーになり、ダウンタイムと修理費用の両方を削減します。機械保全の経済的な側面を理解することは、企業が効果的な保全戦略を策定し、長期的な運用コストを最適化する上で不可欠です。正しいアプローチと技術の適用によって、機械保全は企業の経済的成功に大きく寄与することができるのです。

試験対策問題

問1

軸受に発生する焼付きの原因の１つとして、潤滑不足が挙げられる。

解答：正しい

解説：軸受が焼き付く主な原因には、潤滑不足、軸受のはめあい状態が不適切であることなどが考えられます。

問2

軸受に発生する腐食の原因の１つとして、使用時の過大荷重が挙げられる。

解答：誤り

解説：軸受の腐食は、化学的な作用により起こるため、過大過重ではなく化学薬品、腐食性物質、海水の進入などが原因となります。

問3

ちょう度とは、グリースの硬さを数値化したものである。

解答：正しい

解説：ちょう度とは、グリースの硬さを数値化したものです。

問4

作動油が白濁する原因として、水分の減少が考えられる。

解答：誤り

解説：水分の混入により乳化が起こることが、作動油が白濁する原因になります。

問5

グランドパッキンは適量の漏れ状態を保ち使用する。

解答：正しい

解説：グランドパッキンは、軸方向に圧縮力を与えることで半径方向に応力を発生させ、密封を行います。グランドパッキンは、若干の流体を漏らしながら使用するのが原則です。

問6

作動油は、石油系作動油、合成系作動油などに分類される。

解答：正しい

解説：作動油には、動物系、石油系、合成系作動油があります。

問7

潤滑油の粘度が低いほど、油膜が切れにくくなる。

解答：誤り

解説：潤滑油の粘度が低いほど、油膜が切れやすくなります。

Chapter 11

機械保全技能士の免許取得

機械保全とは、工場の設備機械の故障や劣化を予防し、機械の正常な運転を維持し保全するために重要な仕事で、各種製造現場の共通的な作業です。

機械保全技能検定は、機械の保全に必要な技能・知識を対象として実施します。機械保全技能検定に合格すると「機械保全技能士」と名乗ることができます。

11-1 機械保全技能検定

機械保全技能検定は、工業分野における機械の保守や修理に関する専門知識と技術を認定するもので、多くの産業界で高く評価されています。

受検資格

技能検定は、特級、１級、２級、３級の等級に区分して実施します。特級を除く各級では、選択作業別に試験を実施します。

機械保全技能士の資格は、機械保全に関する業務に就いていた実務経験年数（過去の実務経験も含める）により判定します。受検に必要な実務経験年数は、学歴や職業訓練受講歴などに応じて短縮されます。

等級	受検に必要な実務経験年数
特級	１級合格後５年以上
１級	７年以上
２級	２年以上
３級	年数は問わない

試験の免除

技能検定の実技試験または学科試験の合格者と同等以上の能力を有すると認められる者は、試験の免除を受けることができます。詳細は日本プラントメンテナンス協会に問い合わせください。

主催団体

公益社団法人日本プラントメンテナンス協会
〒101-0051 東京都千代田区神田神保町3-3　神保町SFIIIビル５階
TEL 03-6865-6081（機械保全技能検定事務局）
https://www.kikaihozenshi.jp/points/

11-2 受検申請

受検申請は、原則として受検者本人が行います。

団体申請について

学校や企業などの団体で受検者をとりまとめる場合は、団体責任者による代理申請も可能です。その際は、必す受検者本人の同意（確認）が必要です。

受検申請書への記入について

受検申請書への記入は、黒インキ（ボールペン・万年筆など）を用いて、楷書と算用数字で丁寧に記入します。 詳細は日本プラントメンテナンス協会に問い合わせください。

申請期間・方法

インターネットにより申請と郵便による申請があります。各申請は申請期間が異なります。申請は、個人での申込み（以下「**個人申請**」という）と団体内の受検申請をまとめて一括で行う申請（以下「**団体申請**」という）があります。

免除付き受検申請

下記の方は免除付受検申請を行ってください。免除付申請として取り扱い、試験で一部合格すると、合格証書が交付されます。

①平成27年度以降の試験で技能士合格または一部合格した方
②平成27年度以降に合格証書交付申請で技能士合格した方

受検申請書の必要項目に技能士番号または合格通知番号を記入してください。技能士番号または合格通知番号が不明の方は下記のサイトで番号を検索できます。

https://www.cbtsol.com/kikaihozen/result/

JTEXで2017年度以降に職業訓練短期課程機械保全コースを修了（合格）した方は、受検申請書の必要項目にJTEXの受講番号を記入してください。

合格証書交付申請

下記にあてはまる方は、合格証書交付申請を行ってください。

①学科試験または実技試験の免除資格（試験合格以外）を有している方
②平成26年度以前に学科試験または実技試験に一部合格した方
③平成26年度以前に技能士合格した方
④平成27年度以降に合格証書交付申請で技能士合格した方

合格証書交付申請の詳細は日本プラントメンテナンス協会に問い合わせください。

▼受検申請書送付先

〒277-8691　日本郵便株式会社 柏郵便局 私書箱第５号
機械保全技能検定 受検サポートセンター宛
受検サポートセンター
株式会社シー・ビー・ティソリューションズ内
電話でのお問合せ　03-5209-0553（平日：10：00～17：00）

11-3 申込者数・合格率

各等級の受検者数と合格者数（合格率）について2019-2021年の実績を紹介します。

3級

実施年	受検者数	合格者数	合格率
2021年	7851	5723	72.9%
2020年	—	—	—
2019年	6349	4512	71.1%

2級

実施年	受検者数	合格者数	合格率
2021年	8645	2576	29.8%
2020年	8438	2469	29.3%
2019年	10400	3221	31.0%

1級

実施年	受検者数	合格者数	合格率
2021年	5270	1323	25.1%
2020年	5260	1164	22.1%
2019年	6102	1323	21.7%

特級

実施年	受検者数	合格者数	合格率
2021年	425	144	33.9%
2020年	444	87	19.6%
2019年	481	85	17.7%

COLUMN リスク管理と機械保全

リスク管理は機械保全の分野で重要な要素です。このプロセスでは、潜在的な故障や不具合を予測し、それらが生産に与える影響を最小限に抑えることが目的です。機械の故障は、生産の停止や品質の低下だけでなく、従業員の安全にも重大なリスクをもたらす可能性があります。したがって、効果的なリスク管理は、機械保全計画の不可欠な部分です。リスク管理には、定期的なメンテナンス、故障診断、および機械の性能モニタリングが含まれます。定期的なメンテナンスにより、機械の故障を予防し、予期せぬ停止時間を減らすことができます。また、最新の診断ツールを用いることで、機械の小さな異常を早期に特定し、大きな問題に発展する前に対処することが可能です。さらに、リスク管理には教育とトレーニングも含まれます。従業員が機械の適切な操作方法を理解し、定期的なチェックを行うことは、機械の寿命を延ばし、安全を確保する上で重要です。これにより、企業はコストの削減と効率の向上を達成し、競争力を高めることができます。リスク管理は、機械保全の成功において決定的な要因です。これを適切に実行することで、企業は不測の事態に迅速に対応し、持続可能な運営を実現することができます。

11-4 試験方法

機械保全技能検定に関する学科試験、実技試験、実技試験の実施方法、合格基準について解説します。

学科試験

等級	出題形式・出題数	解答方式	試験時間
特級	五肢択一式 50問	マークシート方式	120分
1級	真偽法 25問 四肢択一式 25問	マークシート方式	100分
2級	真偽法 25問 四肢択一式 25問	マークシート方式	100分
3級	真偽法 30問	マークシート方式	60分

実技試験

等級	実施方法・出題数	解答方式	試験時間
特級	計画立案等作業試験 10課題	マークシート方式	150分
機械系保全作業 1級・2級・3級	判断等試験 1級・2級：8課題 3級：7課題	マークシート方式	1級・2級：80分 3級：70分

実技試験の実施方法

実施方法	説明
計画立案等作業試験特級	受検者に現場における実際的な課題などを紙面を用いて表、グラフ、図面、文章などによって掲示し、計算、計画立案、予測などを行わせることにより技能の程度を評価する試験。
判断等試験 機械系保全作業	受検者に対象物または現場の状態、状況などを原材料、標本、模型、写真、ビデオなどを用いて提示し、判別、判断、測定などを行わせることにより技能の程度を評価する試験。

合格基準

試験の種類	説明
学科試験	加点法で100点満点として65点以上の場合、合格。
実技試験	減点法で41点以上の減点がない場合、合格。 ※正答以外の解答（不正解、空欄、記入ミスなど）は、すべて減点対象となり100点から減点される。

機械保全に求められる知識と技能

機械保全業務は、安全で生産性の高いものづくりを行うための根幹となる重要な仕事です。

また、機械保全者に求められる知識や技能は、前述のように工作機械、機械要素、工業材料、電気、計測器、診断法など、幅広く求められます。機械保全技能士試験では、これらの項目に対する知識が問われます。

11-5 試験科目

3級と2級の試験科目について紹介いたします。1級と特級については、日本プラントメンテナンス協会にお問い合わせください。

3級

試験	試験内容
学科試験	機械一般 電気一般 機械保全法一般 材料一般 安全衛生 機械系保全法、電気系保全法から選択
実技試験	機械系保全作業（判断等試験）7課題：70分 ※判断等試験とは、対象物または現場の状態、状況などを原材料、標本、模型、写真、ビデオなどを用いて提示し、判別、判断、測定などを行わせることにより技能の程度を評価する試験

2級

試験	試験内容
学科試験	機械一般 電気一般 機械保全法一般 材料一般 安全衛生 機械系保全法、電気系保全法、設備診断法から選択
実技試験	選択作業（試験形式） 機械系保全作業（判断等試験）：80分 電気系保全作業（製作等作業試験）：110分 設備診断作業（判断等試験）：80分 機械系保全作業、電気系保全作業、設備診断作業から選択

試験科目

（2023年12月時点）

学科試験・実技試験：20,000円
学科試験のみ　　　：4,600円
実技試験のみ　　　：15,400円

※実技試験は以下の条件の場合、減免された受検料となります。

25歳未満かつ学生（3級）：2,900円
25歳未満（2級、3級）　：6,400円
学生（3級）　　　　　　：10,000円　（各非課税）

索引

あ行

か行

さ行

た行

な行

は行

ま行

や行

ら行

わ行

アルファベット

数字

●著者紹介

飯島　晃良（いいじま　あきら）
日本大学 理工学部 機械工学科 教授
博士（工学）、技術士（機械部門）
大学において、高効率エンジンの燃焼研究を通じ、試作エンジン開発などを実施。熱力学、内燃機関、エネルギー変換工学、伝熱工学、機械工学実験、機械設計製図などの講義を担当。技術士試験、危険物取扱者試験の受験対策、熱工学などの教育講座を学内外にて担当。次世代内燃機関の研究により、日本機械学会奨励賞、自動車技術会浅原賞、日本燃焼学会論文賞、日本エネルギー学会奨励賞、SETC Best Paperなどを受賞。

●編集協力

株式会社エディトリアルハウス

図解入門
現場で役立つ
機械保全の基礎知識
[機械保全技能士検定対策副読本]

発行日　2024年　1月26日　　第1版第1刷

著　者　飯島　晃良

発行者　斉藤　和邦
発行所　株式会社　秀和システム
〒135-0016
東京都江東区東陽2-4-2　新宮ビル2F
Tel 03-6264-3105（販売）Fax 03-6264-3094
印刷所　三松堂印刷株式会社　Printed in Japan

ISBN978-4-7980-6967-8 C3053